铝合金薄壁构件激光焊接多尺度建模与仿真

蒋　平　耿韶宁　曹龙超　著

科学出版社

北　京

内 容 简 介

　　本书围绕铝合金薄壁构件激光焊接机理与工艺，主要介绍激光焊接过程多尺度建模方法、熔池传热与流动行为、凝固特征参数分布、凝固微观组织演化、焊缝组织性能调控等内容。本书将理论研究与工艺应用实例展现给读者，使读者更清晰地了解铝合金激光焊接熔池凝固过程，提高激光焊接工艺水平。

　　本书适合作为材料加工方向高年级本科生及研究生的教材或参考用书，也可供焊接领域的科研工作者、工程技术人员参考。

图书在版编目（CIP）数据

铝合金薄壁构件激光焊接多尺度建模与仿真/蒋平，耿韶宁，曹龙超著.
—北京：科学出版社，2023.1
ISBN 978-7-03-074622-1

Ⅰ.① 铝… Ⅱ.① 蒋… ②耿… ③曹… Ⅲ.① 铝合金-薄壁件-激光焊-焊接熔池-系统建模-研究 ②铝合金-薄壁件-激光焊-焊接溶池-系统仿真-研究 Ⅳ.① TG457.14

中国版本图书馆 CIP 数据核字（2022）第 255766 号

责任编辑：吉正霞　曾　莉/责任校对：高　嵘
责任印制：彭　超/封面设计：苏　波

科 学 出 版 社 出版
北京东黄城根北街 16 号
邮政编码：100717
http://www.sciencep.com

武汉精一佳印刷有限公司印刷
科学出版社发行　各地新华书店经销
*

开本：787×1092　1/16
2023 年 1 月第 一 版　　印张：11 1/2
2023 年 1 月第一次印刷　　字数：258 000
定价：128.00 元
（如有印装质量问题，我社负责调换）

F 前 言
FOREWORD

激光具有方向性好、能量密度高、单色性好等一系列优点，自 20 世纪 60 年代问世以来，就受到各界的高度关注。激光技术推动了诸多领域的迅猛发展，应用范围越来越广，在制造领域中的应用成果尤为显著。作为激光制造技术主要代表之一的激光焊接技术，与电弧焊接相比，具有焊缝深宽比大、热影响区小、生产效率高等优点，是一种极具前途的先进焊接技术。铝合金薄壁构件在新能源汽车、轨道交通、航空航天等领域应用广泛，激光焊接技术为其高质高效焊接制造提供了变革性手段。认清激光焊接熔池宏观传热流动行为与微观组织演化行为，是优化激光焊接工艺、提高接头质量的基础。然而，激光焊接过程具有高温、瞬态、非线性的特点，传统实验手段难以准确观测。近年来，随着计算流体力学和计算材料学以及多尺度建模理论与方法的快速发展，数值模拟技术为研究铝合金薄壁构件激光焊接过程提供了重要手段。

本书共分为 7 章，从铝合金薄壁构件激光焊接过程多尺度建模与求解、焊接传热流动行为、微观组织演化行为、焊缝组织性能工艺调控等方面进行介绍。第 1 章介绍激光与材料的相互作用、焊接过程中宏观传热流动、微观组织演化行为等。第 2 章介绍激光焊接宏观传热-流动耦合模型、凝固过程微观组织模拟相场模型，以及激光焊接熔池凝固过程宏-微观跨尺度建模与并行计算方法。第 3 章分析铝合金薄板激光焊接传热流动行为，研究了焊接工艺参数对熔池传热流动行为的影响，以及熔池凝固参数对微观组织的影响。第 4 章介绍平面晶向胞状晶转变及界面稳定性机制、胞状晶向柱状晶转变及枝晶间距调整机制，以及基于枝晶演化的多晶粒竞争生长机制。第 5 章介绍铝合金薄板激光焊接焊缝等轴晶的形核机制，模拟了全焊缝熔池凝固组织的动态演化过程，并在此基础上分析了焊缝溶质元素的偏析行为，以及异质核心数量密度对全焊缝凝固组织的影响。第 6 章介绍磁场作用下的激光焊接熔池流动行为，分析了磁场对等轴晶、柱状晶、平面晶向柱状晶过渡生长行为的影响。第 7 章介绍激光焊接焊缝凝固微观组织工艺调控方法，包括工艺参数调控、焊接微合金化、激光熔注，以及激光摆动方法。

本书由华中科技大学机械科学与工程学院蒋平教授团队完成。其中，蒋平教授负责全书统稿工作，并负责第 1 章、第 2 章、第 7 章的撰写；耿韶宁博士负责第 3 章、第 4 章、第 5 章的撰写；曹龙超博士负责第 6 章的撰写。本书的撰写工作还得到了华中科技大学王逸麟、韩楚、许博安、王瑜、任良原、靳军、杨露、宋敏杰、高昱、杨文等研究生的大力支持，在此表示感谢！

由于作者水平有限，本书难免存在疏漏之处，恳请读者批评指正。

作 者
2022 年 3 月

C目 录
CONTENTS

第 1 章

绪　　论

　　激光焊接技术具有能量密度高、焊缝深宽比大、热影响区小、生产效率高、接头质量好等诸多优点，是一种极具前途的先进焊接技术。目前，激光焊接技术已经逐步应用于汽车、航空航天、轨道交通等制造领域，得到了业界的青睐。激光焊接接头的服役性能与其焊缝凝固微观组织密切相关，深入理解熔池凝固过程，实现焊缝微观组织的定量预测，对优化焊接工艺、提高接头质量具有重要意义。

　　本章将首先介绍激光与材料相互作用的特点，概述激光焊接技术；其次阐述激光焊接熔池中复杂的传热传质行为及熔池凝固过程；最后对激光焊接宏观传热流动行为和微观组织演化行为研究现状进行介绍。

1.1 激光与材料的相互作用

激光与材料的相互作用过程复杂，涉及激光物理学、非线性光学、传热学、热力学、气体动力学、等离子体物理学等多个学科领域，包含加热、熔化、气化、等离子体产生等，其物理现象主要如图 1.1 所示，这些效应构成了激光材料加工的基础。

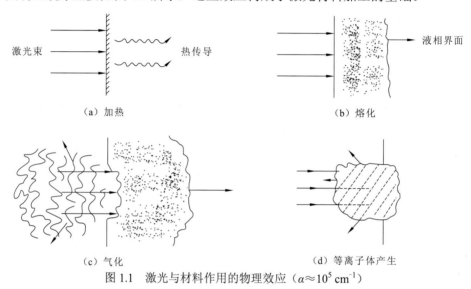

（a）加热 （b）熔化

（c）气化 （d）等离子体产生

图 1.1 激光与材料作用的物理效应（$\alpha \approx 10^5\,\mathrm{cm}^{-1}$）

1.1.1 激光对材料的加热效应

材料吸收激光后首先产生的不是热量，而是某些质点的过量能量（自由电子的动能、束缚电子的激发能、过量的声子能）。这些过量能量要经历两个步骤才能转化为热能：第一步是受激粒子运动的空间和时间随机化，这个过程在粒子的碰撞时间（动量弛豫时间）内完成，是一个极短的过程；第二步是能量在各质点间的均匀分布，这个过程包含大量的碰撞和中间状态。

研究激光与材料相互作用所产生的热作用，一般假设一个激光能量分布与所吸收激光能量分布相同的热源作用于材料表面。在此前提下，建立温度场模型分析激光处理时的加热和冷却过程。在表层材料向基体内部传热阶段，主要是遵循傅里叶（Fourier）热传导定律进行。不同材料其激光热源模型也不同；对于金属材料，激光的吸收长度非常小，激光吸收发生在材料表层 1～5 μm，其热源模型可表示为

$$Q = AI_0(x, y, t)\delta(z) \tag{1.1}$$

对于非金属材料，吸收长度不可忽略，其热源模型可表示为

$$Q = AI_0(x, y, t)\exp(-\alpha_0 z) \tag{1.2}$$

式中：A 为材料对激光的吸收率；$I_0(x, y, t)$ 为激光强度在材料表面的分布；$\delta(z)$ 为狄拉克（Dirac）函数；α_0 为激光在材料中的吸收系数。激光强度 $I_0(x, y, t)$ 通常可表示为空间分布 $I_0(x, y)$ 与无量纲时间波形 $B(t)$ 的乘积，典型的波形 $B(t)$ 有阶梯波、矩形波、三角波、梯形波、高斯（Gauss）波形等。

在激光加热过程中，材料的热物理参数（吸收系数、比热容、热扩散率、导热系数）是随温度变化的，但对大多数材料而言，其热物理参数随温度变化较小，可近似视为常数，也可对过程所涉及的温度取平均值。

1.1.2　激光对材料的熔化及气化效应

当一定强度的激光照射到材料表面，材料表面温度达到熔点 T_m 时，等温面（熔化波前 $T=T_m$）将以一定的速度向材料内部传播，其传播速度取决于激光功率密度和材料固相、液相的热力学参数。通常把不发生气化的熔化称为浅层熔化，浅层熔化时，光斑大于熔池直径，横向热扩散的影响可以忽略。浅层熔化区的最大深度为

$$Z_{m,max} = \frac{1.2k}{AP} T_v \left(\frac{T_v}{T_m} - 1 \right) \tag{1.3}$$

式中：k 为导热系数；A 为材料对激光的吸收率；P 为激光功率；T_v 为材料的气化温度；T_m 为材料的熔化温度。

就材料特性而言，材料的导热系数 k 和 T_v/T_m 的比值越大，则熔化深度 Z_{max} 越大。就激光特性而言，为了提高熔化深度，应采用较小的激光功率密度，因为较小的激光功率密度可使材料表面加热到 T_v 的时间较长。

与浅层熔化对应的是深层熔化，深层熔化是指熔化深度不小于光斑半径的情形，但不发生溶液的沸腾，只在气液相面上发生平衡气化。深层熔化时，熔池直径大于光斑直径，熔池中心出现一个直径小于光斑的平稳气化井区，井区内的蒸气密度小，对激光基本透明，激光直接进入照射在井区底部的气液界面上被吸收，吸收的激光能量被用于井壁的热扩散和井底的气化。假设激光光斑和气化井的半径均为 R_s，则深层熔化的深度为

$$Z_v = \frac{R_s^2 A I_0}{k_q T_v} \left[1 - \exp\left(-\frac{k_q T_v}{R_s^2 L_v \rho_q} t \right) \right] \tag{1.4}$$

式中：k_q 为该状态下的导热系数；L_v 为汽化潜热；ρ_q 为该状态下的密度。

从激光作用下材料的熔化可以看出，熔化过程中一般伴随着材料的气化。材料的气化机制与激光功率密度密切相关：当激光功率密度较小时，材料气化不剧烈，饱和蒸气压力与环境气压平衡，蒸气粒子运动速度分布各向同性，处于平动平衡的麦克斯韦（Maxwell）分布；当激光功率密度较大时，材料气化率增大，蒸气压力升高，并明显高于环境压力，蒸气中返回溶液的粒子数减少，速度分布偏离平衡的麦克斯韦分布。离开液面的气体粒子必须经过一段距离，通过彼此间的碰撞才能重建平动平衡。

1.1.3 激光诱导等离子体效应

激光作用于材料表面，引发蒸气，蒸气继续吸收激光能量，使温度升高，最终形成高温、高密度的等离子体。等离子体是大量带电粒子（电子、离子）以及原子和分子组成的物质体系，它整体呈电中性。当激光辐射强度超过某一临界值形成激光诱导的等离子体后，表现出材料对激光能量吸收增强的现象，但是在高功率焊接时，当产生的等离子体尺寸超过某一特征值或者脱离工件表面时，激光深熔焊被终止，切断了激光与材料之间的能量耦合，出现激光被等离子体屏蔽的现象，这种效应称为等离子体屏蔽效应。等离子体吸收的能量与入射激光能量之比，称为等离子体屏蔽系数。等离子体屏蔽系数与激光波长有关，长波长激光的等离子体屏蔽效应比短波长激光要强烈一些，出现时间更早。在激光焊接中，等离子体的吸收和散射作用影响了激光的传输效率，降低了到达工件上的激光能量；而等离子体的负透镜效应（折射）扩大了激光能量与工件上的作用区，从而降低了焊接质量。

1.2 铝合金薄壁构件特点及应用简介

1.2.1 铝合金材料特性、分类及焊接性能

铝合金具有高比强度、比模量、疲劳强度、耐腐蚀稳定性等优点，成为航空航天、轨道交通、汽车等领域中广泛使用的材料。按化学成分和制造工艺，铝合金可分为铸造铝合金和变形铝合金两大类。铸造铝合金一般含有较多溶质，液态下具有良好的流动性，固态下存在共晶组织，适合于铸造成形。与铸造铝合金相比，变形铝合金所含溶质较少，能获得均匀的单相固溶体组织，这类铝合金广泛应用于焊接结构中。按强化方式，变形铝合金又可分为热处理强化铝合金和非热处理强化铝合金。非热处理强化铝合金的固溶体成分不随温度而变化，只能通过冷作变形强化；热处理强化铝合金固溶体成分随温度而变化，可通过淬火和时效处理使之强化。

铝合金的焊接方法较多，如钨极脉冲氩弧焊、熔化极脉冲氩弧焊、激光焊、电子束焊、搅拌摩擦焊等。在铝合金的熔焊过程中，主要存在气孔、热裂纹、软化等问题。气孔缺陷主要分为冶金气孔和工艺气孔。液态铝对氢元素的吸收率约为固态铝的 20 倍，在熔池的凝固过程中，如果液态铝合金吸收的过量氢元素在凝固过程中来不及排除，就极易导致冶金气孔，也称为氢气孔。另外，由于铝合金的导热性很强，在同样的工艺条件下，铝合金熔化区的冷却速度为钢的 4～7 倍，熔池凝固速度很快。在快冷条件下，熔池中析出的气体可能来不及逸出，从而在焊缝中形成工艺气孔。在热裂纹方面，铝合金凝固温度区间范围大，热膨胀系数大，且在焊缝凝固后期容易形成低熔点化合物，这使铝

合金具有较大的裂纹倾向。在焊接软化方面，许多通过热处理强化的铝合金，如 AA6082-T6 铝合金中含有 Mg_2Si 析出强化相、AA2219-T87 铝合金中含有 Al_2Cu 析出强化相，在经过焊接过程的熔化再结晶作用后，母材中的析出强化相分解并溶入基体，某些情况下晶粒还出现粗化现象，这些因素导致接头中的强化作用降低。此外，焊接热循环对母材的热作用还将导致热影响区产生过时效作用，使析出强化相改变了形貌，降低了强化作用效果。这些因素使铝合金焊接接头强度大幅低于母材，即出现接头软化问题。

1.2.2　铝合金薄壁构件焊接特点及应用

铝合金薄壁构件焊接的主要特点有：①焊接变形控制难。相比于常规结构，薄壁构件自身拘束度更小，在焊接后易产生失稳变形。由于铝合金本身热膨胀系数大（20℃下为 $23.2\times10^{-6}/℃$），铝合金薄壁构件焊接的热变形问题更加突出。②焊接熔池易坍塌、烧穿。铝合金薄壁构件焊接时，如果热输入量控制不当，易出现熔池坍塌或烧穿，且后续处理比较困难。③焊接氧化问题严重。铝的化学性质活泼，与空气接触时会极快地产生一层致密的氧化铝薄膜。由于氧化铝的熔点高、导热性差，会严重阻碍熔融金属间的结合，导致焊缝成形困难，易产生裂纹或夹杂。

铝合金薄壁构件焊接技术在航空航天、轨道交通等领域应用广泛。在航空航天方面，激光焊接首次实现了铝合金飞机蒙皮与长桁之间的连接，并且在空客 A318 外壳系列产品上得以实现。这种激光焊接结构取代了传统机身蒙皮与长桁之间的铆接过程，减轻了飞机重量，减少了生产工艺步骤，提高了制造速度，从整体上实现了降低成本的目标。在轨道交通方面，高速列车车体主要由不同断面形状的铝合金型材与板材拼焊而成。由于接头多为长直焊缝，主要采用自动熔化极惰性气体保护电弧焊（metal inert-gas arc welding，MIG）。另外，由于焊缝数量多、长度长，焊接以后部件总是存在一定的变形和残余应力，变形严重时会影响整体车体的组装，为了保证车体尺寸，往往在焊后进行火焰调修。

1.3　激光焊接技术简介

激光焊接是一种高效、精密的焊接方法，通过高能量密度的激光束作为热源使材料连接区的部分金属熔化，从而将两个零件或部件连接起来。激光能量高度集中，加热、冷却、凝固过程非常迅速，它能使一些高热导率和高熔点金属快速熔化，完成特种金属或合金材料的焊接。与传统焊接技术相比，激光焊接技术具有高精度、低变形、高效率等优势，被广泛应用于航空航天、轨道交通、汽车、能源等工业领域。

1.3.1　激光焊接原理

根据激光焊时焊缝的形成特点，激光焊接可分为热传导焊接和激光深熔焊接。前者使用的激光功率密度低,熔池形成时间长,且熔深浅,多用于小型零件的焊接;后者使用的激光功率密度高,激光辐射区金属熔化速度快,在金属熔化的同时伴随着强烈的气化,能获得熔深较大的焊缝。

1. 热传导焊接

热传导焊接的功率密度一般不高于 $10^6 \, W/cm^2$,表面下的金属主要靠表面吸收激光能量后向下的热传导而被加热至熔化,形成焊缝接近半圆形。热导焊时,激光辐射能量作用于材料表面,激光辐射能在表面转化为热量。表面热量通过热传导向内部扩散,使材料熔化,在两材料连接区的部分形成熔池。熔池随激光束一起向前运动,熔池中的熔融金属并不会向前运动。在激光束向前运动后,熔池中的熔融金属随之凝固,形成连接两块材料的焊缝,如图 1.2(a)所示。激光辐照能量只作用于材料表面,下层材料的熔化靠热传导进行。因此,用这种加热方法所能达到的熔化深度受到气化温度和热导率的限制,且一般只应用于薄板或小零件的焊接加工。

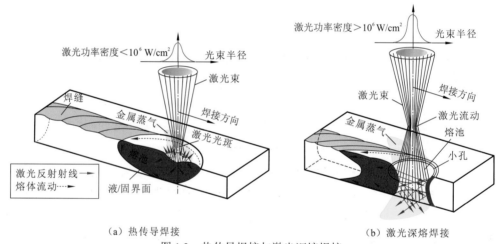

（a）热传导焊接 （b）激光深熔焊接

图 1.2　热传导焊接与激光深熔焊接

2. 激光深熔焊接

激光深熔焊接的功率密度一般达到 $10^6 \, W/cm^2$ 以上,激光输入的能量远大于热传导、热对流、热辐射散失的热量,材料表面会发生熔化和气化而产生小孔,如图 1.2(b)所示。在小孔内金属蒸气产生的压力与四周熔池的静压力和表面张力形成动态平衡,激光可以通过小孔直接射到孔底,产生小孔效应。激光能量通过逆韧致辐射作用(主要发生在小孔内或小孔上方形成的等离子体云中)和菲涅耳(Fresnel)吸收作用(小孔壁面上)被材料吸收,随着激光束与工件的相对运动,使小孔周边金属不断熔化、流动、封闭、凝固而形成连续焊接。与传统焊接相比,熔池温度显著提高,由于焊接过程极快,热量传递到周围母材中形成狭窄的热影响区。

1.3.2　激光焊接特点

激光焊接作为一种高效、可靠的焊接方式已被广泛应用。随着工业激光器的出现与改进，在某些工业领域中，激光焊接已经替代了一些传统焊接方法。激光焊接的优点主要有：①能量密度高度集中，焊接时加热和冷却速度非常快，热影响区小，焊接应力和变形很小；②非接触加工，对焊件不产生外力作用，适合焊接难以接触的部位；③激光可以通过光学元件进行传输和变换，自动化程度和生产效率高；④焊接工艺稳定，焊缝表面和内在质量好，性能高；⑤能够焊接高熔点、高脆性的难熔金属、陶瓷、有机玻璃、异种材料；⑥绿色环保，没有污染；⑦不受电场、磁场干扰，不需真空保护。

此外，激光焊接也有一定的局限性：①焊接淬硬性材料时易形成硬脆接头；②合金元素蒸发造成焊缝产生气孔、咬边等；③对焊件装配、夹持及激光束精确调整要求较高；④能源转换效率低，设备昂贵，焊接成本较高。

1.3.3　激光焊接质量影响因素

影响激光焊接质量的因素很多，主要有激光束模式、激光输出方式、激光功率、焊接速度、离焦量等。

1. 激光束模式

工业应用中激光束模式一般用 TEM（transverse electromagnetic mode，横电磁波模式）表示，而 TEM_{00}（基模）最为理想。激光束与材料的相互作用不仅限于表面，还在一定深度内进行。因此，激光焊接时，在要求激光束聚焦光斑小的同时，还要求有一定的聚焦深度，即在一定的聚焦深度范围内光斑的大小变化足够小。适用于激光焊接的光束模式从理论上讲应该是基模，以此获得最为集中的能量密度。激光焊接时光束模式对焊接质量的影响见表 1.1。由表 1.1 可以看出，在相同的激光功率密度和焊接速度下，不同激光束模式下焊接熔深明显不同，TEM_{00} 模式下的熔深最大。

表 1.1　激光束模式对激光焊接质量的影响

激光束模式	功率密度/（W/cm^2）	焊接速度/（cm/min）	焊接熔深/mm
TEM_{00}	2×10^6	2	3.0
TEM_{10}	2×10^6	2	1.8
$TEM_{00}+TEM_{10}$	2×10^6	2	1.6
TEM_{20}	2×10^6	2	1.1
$TEM_{10}+TEM_{20}$	2×10^6	2	1.0

2. 激光输出方式

激光焊接根据激光器的输出方式可分为脉冲激光焊接和连续激光焊接。脉冲激光焊接类似点焊，每个脉冲在金属上形成一个焊点，它主要用于微焊、精密焊及一些微电子元件的焊接。有关资料指出：使用厚度为 4～5 mm 的马氏体时效钢板，其正面和背面均以氩气保护，用二氧化碳激光进行连续焊接和脉冲焊接（频率为 800 Hz），平均功率和焊接速度相差较大，具体见表 1.2。

表 1.2 脉冲焊接和连续焊接时的平均功率和焊接速度

焊接方法	平均功率/kW	焊接速度/(cm/min)	焊接方法	平均功率/kW	焊接速度/(cm/min)
脉冲焊接	0.50	10	连续焊接	3.5	66
	0.60	13.5		4.0	132
	0.65	15		4.2	216

3. 激光功率

激光焊接中存在一个激光能量密度阈值，低于此值，熔深很浅，一旦达到或超过此值，熔深会大幅度提高。只有当工件上的激光功率密度超过阈值（与材料有关）时，等离子体才会产生，这标志着稳定深熔焊接的进行；当激光功率低于此阈值时，工件仅发生表面熔化，即焊接以稳定热传导型进行；而当激光功率密度处于小孔形成的临界条件附近时，热传导焊接与深熔焊接交替进行，成为不稳定焊接过程，导致熔深波动很大。激光深熔焊接时，激光功率同时控制熔透深度和焊接速度。焊接的熔深直接与光束功率密度有关，且是入射光束功率和光束焦斑的函数。一般来说，对一定直径的激光束，熔深随着光束功率的提高而增加。

4. 焊接速度

焊接速度对熔深影响较大，提高速度会使熔深变浅，但速度过低又会导致材料过度熔化、工件焊穿。所以，对一定激光功率和一定厚度的某特定材料有一个合适的焊接速度范围，并在其中相应速度值时可获得最大熔深。

5. 离焦量

激光焊接通常需要一定的离焦量，因为激光焦点处光斑中心的功率密度过高，容易蒸发成孔。离焦方式有两种，即正离焦和负离焦。焦平面位于工件上方为正离焦，反之为负离焦。负离焦时，材料内部功率密度比表面还高，易形成更强的熔化、气化，使光能向材料更深处传递，获得更大的熔深。所以在实际应用中，当要求熔深较大时，采用负离焦；焊接薄材料时，宜用正离焦。

1.4　激光焊接熔池凝固过程简介

激光焊接的凝固过程是液态到固态的相变过程，焊接过程中，具有高能量密度的激光束加载到工件上，导致材料局部熔化形成熔池，随着激光热源的不断移动，熔池最终凝固形成焊缝，在此过程中涉及复杂的传热传质现象，对凝固过程产生影响进而影响凝固组织，并最终影响到接头性能。因此，明晰激光焊接过程中熔池的凝固特征和凝固形貌是获得优质焊接接头性能的基础。

1.4.1　激光焊接熔池凝固特征

在激光焊接过程中，熔池中存在着强烈的热对流和热扩散，其主要驱动力就是表面张力梯度，即马兰戈尼（Marangoni）对流。对热源前部的冷金属而言，对流传输过来的热将使固体金属熔化，熔化了的金属成为焊接熔池的一部分；而对热源后部来说，马兰戈尼对流将源于高温处的金属带给还处于液态的焊接熔池金属，这样不仅补充了熔池后部金属向四周冷金属的散热损失，而且对流惯性可保持一段时间。此外，在激光深熔焊接中，小孔前后的热流密度差使得热流由小孔前部流向小孔后部，热流具有明显方向性特点，这将直接影响焊缝金属的凝固方向以及焊缝界面的形状和尺寸。

与普通弧焊热源的凝固过程一样，激光作用下的熔池凝固过程也是晶核的形成和长大过程。但由于凝固条件的巨大差异，焊接熔池的结晶过程表现出非平衡凝固、竞争生长以及生长速度动态变化的特征。

1. 非平衡动态凝固

激光焊接熔池体积小，其周围被体积很大的母材金属所包围，熔池界面导热条件良好，故熔池的冷却速度很快，在高碳钢和多数高合金钢焊接时易产生冷裂纹。同时，由于熔池体积小且温度高，熔池边界的温度梯度很大，非自发晶核质点大为减少，柱状晶得到显著发展。另外，焊接熔池中金属的凝固和熔化是同时进行的，固液界面前沿随焊接热源而移动，而且焊接条件下各种力的作用会使正在凝固中的熔池受到激烈的搅拌作用。

2. 竞争生长

在焊缝金属的凝固过程中，晶粒倾向于沿着垂直于熔池边界的方向生长，因为这个方向具有最大的温度梯度，散热最快。但是，在每个晶粒里的柱状枝晶或晶胞都倾向于沿着最容易生长的方向生长。表 1.3 列出了在几种材料中容易生长的方向，可以看出，对于 fcc 和 bcc 结构的材料，<100> 都是容易生长的方向，并将排挤那些取向不利的晶粒，如图 1.3 所示。这种竞争生长机制决定了焊缝金属的晶粒结构。

表 1.3　容易生长的方向

晶体结构	容易生长的方向	材料举例
面心立方（fcc）	<100>	铝合金、奥氏体不锈钢
体心立方（bcc）	<100>	碳钢、铁素体不锈钢
密排六方（hcp）	<1010>	钛、镁
体心正方（bct）	<110>	锡

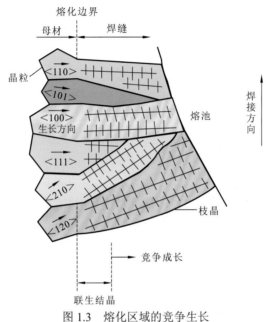

图 1.3　熔化区域的竞争生长

3. 凝固速度和方向动态变化

如前所述，熔池凝固总是从熔池边界处半熔化的母材晶粒上开始形核并向焊缝中心生长。图 1.4 所示的是生长速度 R 与焊接速度 V 之间的关系[1]。熔池边界上给定的一点在正方向 n 上最短时间间隔 dt 内移动的距离为

$$R_n dt = (V dt)\cos\alpha = (R dt)\cos(\alpha - \beta) \tag{1.5}$$

将上式化简得到

$$R = \frac{V\cos\alpha}{\cos(\alpha - \beta)} \tag{1.6}$$

当 α 与 β 的差别较小时，$\cos(\alpha-\beta)\approx 1$，$\cos\alpha\approx\cos\beta$，于是

$$R \approx V\cos\alpha \approx V\cos\beta \tag{1.7}$$

式中：α 为焊接方向与熔池边界的法向之间的夹角；β 为焊接方向与这一点的枝晶生长方向（在 fcc 和 bcc 晶体中为<100>）之间的夹角。由式（1.7）可知，在焊接速度 V 一定的条件下，晶粒生长速度 R 仅取决于凝固等温面法线方向与焊接方向的夹角 α 或晶粒成长方向与焊接方向的夹角 β。由于熔池边界上不同位置处的等温面法线方向不同，晶

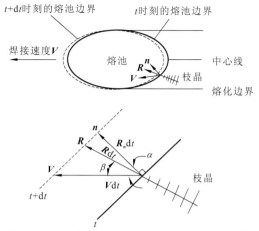

图 1.4 生长速度 R 与焊接速度 V 之间的关系[1]

粒生长过程中其生长方向在不断变化，其生长速度也在发生变化。同时，当晶粒由熔池两侧开始凝固一直生长到最后过程中，晶粒的生长方向和速度均随凝固进程而动态变化，其生长方向由垂直于焊接方向转向焊接方向，而生长速度由零逐渐增大到焊接速度。

1.4.2 激光焊接熔池凝固形貌

在熔池凝固后所形成的固态焊缝中，主要存在两种晶粒，即柱状晶粒和少量的等轴晶粒。其中，柱状晶粒是通过平面结晶、胞状树枝状结晶或树枝状结晶所形成的，而等轴晶粒一般是通过树枝状结晶形成的。至于具体呈现何种结晶形貌，完全取决于结晶期间固液界面前沿成分过冷的程度。

成分过冷理论指出，为了使固液界面保持平面生长，必须满足下列条件[2]：

$$\frac{G}{R} \geqslant \frac{\Delta T_0}{D_1} \tag{1.8}$$

式中：G 为温度梯度；R 为固液界面的生长速度；ΔT_0 为凝固温度区间；D_1 为溶质在液相中的扩散系数。式（1.8）即为平面生长准则的稳态形式。当凝固过程不满足上式时，固液界面存在成分过冷，固液界面将会失稳，并以胞状或树枝状凝固生长。随着成分过冷程度的加剧，凝固模式将从平面向胞状、柱状晶、等轴晶变化，如图 1.5 所示[3]。

根据式（1.8）可知，凝固界面的成分过冷程度与温度梯度和生长速度的比值 G/R 相关。G/R 越大，成分过冷程度越低，越有利于界面的稳定；反而反之。在实际的焊接熔池凝固过程中，从熔化边界到中心线，G 和 R 沿着熔池边界是不断变化的，如图 1.6 所示[3]。一方面，不同部位具有不同的温度梯度 G 和生长速度 R，因而具有不同的成分过冷，熔化边界处的生长速度最小，$R_{FL}=0$；而中心线处的生长速度最大，$R_{CL}=V$。另一方面，熔池被拉长，使得在熔化边界上熔池的最高温度点与最低温度点之间的距离小于在焊缝中心线上的距离，所以，在熔化边界处的熔池边界法向上的温度梯度 G_{FL} 小于中心线处的温度梯度 G_{CL}。因为 $G_{FL}>G_{CL}$，且 $R_{FL} \ll R_{CL}$，所以有 $(G/R)_{CL} \ll (G/R)_{FL}$。

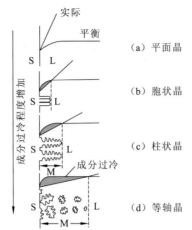

图 1.5 成分过冷程度对凝固模式的影响[3]

S、L、M 分别表示固相区、液相区、糊状区

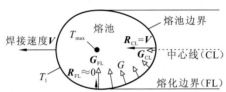

图 1.6 熔池边界上温度梯度 *G* 和生长速度 *R* 的分布[3]

T_1 为液相线温度

结合成分过冷理论与熔池边界上 *G* 和 *R* 的分布,不难理解焊缝中凝固模式的基本演化过程。如图 1.7 所示[3],在焊缝或熔池边界,即焊接熔池凝固的开始位置,由于温度梯度 *G* 大,生长速度 *R* 小,难以形成成分过冷,多以平面结晶形貌生长。随着晶体逐渐远离焊缝边界向焊缝中心生长,温度梯度 *G* 逐渐下降,生长速度 *R* 逐渐增大,溶质含量逐渐增加,成分过冷区也逐渐加大,因而结晶形貌依次向胞状晶、胞状树枝晶、树枝晶发展。在焊缝或熔池中心附近,温度梯度 *G* 下降到最小,结晶速率 *R* 达到最大,溶质含量最高,成分过冷显著,所以导致等轴晶的形成。

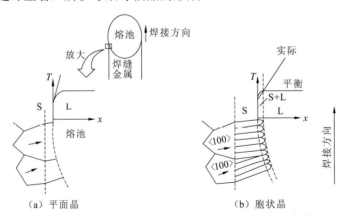

（a）平面晶　　　　　　　　（b）胞状晶

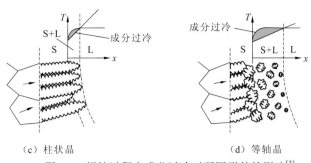

（c）柱状晶　　　　　　　　　　　（d）等轴晶

图 1.7　焊接过程中成分过冷对凝固形貌的影响[3]

凝固前沿成分过冷程度从（a）到（d）逐渐上升

如前所述，对凝固组织起控制作用的成分过冷主要受到熔池中液相温度梯度 G 和生长速度 R 的影响。但仔细分析可以发现，生长速度 R 和温度梯度 G 只是影响成分过冷的中间参量。实质上，它们都是由焊接条件决定的，如焊接材料、焊接工艺以及焊接结构等。因此，不同的焊缝会有不同的凝固组织，同一焊缝也不一定包含上述所有凝固组织。

1.5　激光焊接宏观传热流动行为研究现状

激光焊接中存在复杂的热质传输行为，当焊接模式为深熔焊接时，小孔的存在使得气、液、固三相在激光与材料作用区域内共存，其对焊缝微观组织形成有着重要的影响。为此，研究激光焊接过程中的宏观传热流动行为对焊缝微观组织的研究具有重要意义。目前，研究学者主要通过实验和数值模拟手段对激光焊接宏观传热流动行为开展研究。

1.5.1　激光焊接宏观传热流动行为实验研究

在实验方面，研究人员采用高速摄像、红外成像、X 射线等手段在熔池小孔动态行为观测与分析方面开展工作。Fabbro 等[4-5]通过轴向和侧向拍摄小孔形状与蒸气烟羽角度，分析了二者之间的耦合关系发现：当焊接速度较慢时，小孔前壁倾斜角度小，蒸气烟羽向上喷发，对小孔壁面形成向上的拖曳力，促使熔池金属向上流动；当焊接速度较快时，小孔前壁的倾斜角度较大，蒸气烟羽近乎垂直于小孔前壁向后方喷出，与小孔后壁处的熔池金属相互作用，形成复杂的流动行为，如图 1.8 所示。Gao 等[6]利用红外相机和高速摄像机观测了激光-熔化极气体保护电弧焊（gas metal arc welding，GMAW）搭接焊熔池表面温度场和流场的演化过程，分析了激光摆动参数、焊接速度等对焊接温度场和焊缝宏观成形的影响规律。

通过高速摄像机和红外成像仪等常规实验方法可以对激光焊接过程中熔池和小孔表面的动态行为进行观测，却难以获得材料内部熔池和小孔的动态行为。研究者们开始尝试新型的实验方法，如 X 射线透视和侧面观测等，对激光焊接过程中熔池和小孔的动态行为进行研究。Kawahito 等[7]利用 X 射线相称度成像方法对铝合金激光对接焊接过程进

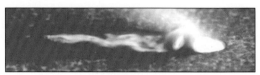

（a）低焊接速度（1 m/min）时高速摄影图　　　　（b）高焊接速度（5 m/s）时高速摄影图

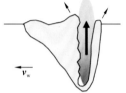

（c）低焊接速度（1 m/min）时形状示意图　　　　（d）高焊接速度（5 m/s）时形状示意图

图 1.8　低焊接速度与高焊接速度时小孔和熔池的高速摄像图和形状示意图对比

行了研究，揭示了对接间隙对熔池形成、熔体流动、气泡演化过程的影响，如图 1.9 所示。Jin 等[8]提出了"三明治"实验观测方法，用两片高温玻璃夹持金属薄片形成"三明治"试件，并将高速摄像机和光谱仪置于试件两侧，实现了熔池和小孔动态行为及孔内等离子体光谱信号的观测。

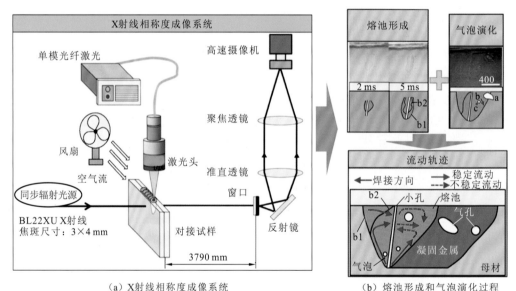

（a）X射线相称度成像系统　　　　　　　　（b）熔池形成和气泡演化过程

图 1.9　X 射线相称度成像系统及铝合金激光对接焊接熔池形成和气泡演化过程[7]

b1：熔池的外边界；b2：熔池的内边界；a、b、c：三个不同的气泡

　　基于上述实验方法，研究人员实现了激光焊接过程中熔池形貌和小孔动态行为的观测。然而，由于设备的局限性，难以直接获得熔池内部的温度分布和流动速度等重要信息。为了更深入地理解激光焊接过程中的传热和流动行为，揭示凝固组织演化等复杂现象的形成机理，国内外研究人员开始采用数值模拟方法研究激光焊接过程。

1.5.2　激光焊接宏观传热流动行为数值模拟研究

激光焊接模拟中合适的热源模型是获得与实验结果相吻合的模拟结果的关键。近十年来，熔池和小孔模拟模型不断完善，热源模型从最初的一维线热源逐步演化到三维体热源模型，并在三维体热源模型的基础上产生多种组合热源模型，最后改进为利用光束追踪技术实现模拟激光束在小孔内多重反射的激光热源模型。该模型可以较好地体现激光束与小孔的能量耦合特点，具体如图 1.10 所示。

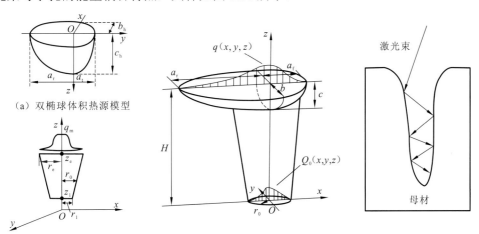

（a）双椭球体积热源模型　　　　　　　　　　　　　　（d）基于光束追踪技术的热源模型

（b）锥体体积热源模型　　　　（c）组合体积热源模型

图 1.10　激光焊接热源模型发展历程

早期研究仅简单地考虑了激光焊接过程中的传热行为，并未考虑熔池内部复杂的流动行为，因此模拟结果与实验结果通常有一定的偏差。Rai 等[9]建立了一种激光焊接熔池准稳态传热与流动耦合模型，并用来分析 304 不锈钢、5754 铝合金等合金的焊接熔池传热与流动行为，如图 1.11 所示。图（a）中：激光功率为 1 000 W；焊接速度为 19 mm/s；1、2、3、4 等温线对应的温度分别为 1 697 K、1 900 K、2 100 K、3 100 K。图（b）中：激光功率为 2 600 W；焊接速度为 74.1 mm/s；1、2、3、4 等温线对应的温度分别为 880 K、

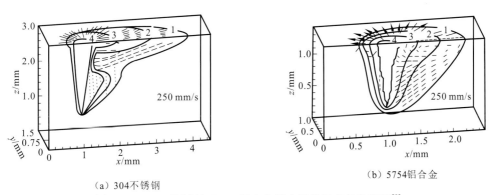

（a）304 不锈钢

（b）5754 铝合金

图 1.11　304 不锈钢和 5754 铝合金激光焊接温度场和流场[9]

1 100 K、1 400 K、2 035 K。该模型根据改进的 Kaplan 小孔模型[10]来计算三维准稳态小孔形貌，并假设小孔壁面温度等于蒸发温度，考虑了热毛细力、浮力、紊流等因素对熔池流动的影响，模拟结果与实验结果吻合良好。

上述激光焊接传热和流动耦合模型中，绝大多数只考虑了热毛细力对熔池的驱动作用，未考虑金属蒸发造成的反冲压力及其在小孔瞬态变化中所起到的作用，因此模拟结果与实验结果通常有一定的偏差。Semak 等[11]建立了激光与材料之间的能量平衡模型，如图 1.12 所示。模型中考虑了蒸发效应及其导致的反冲压力对熔池的影响，研究表明，反冲压力所引起的对流传热带走了大部分激光能量（70%～90%），同时，蒸发反冲压力是激光焊接小孔形成的主要驱动力。

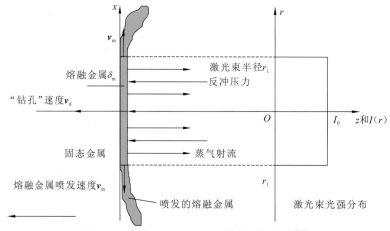

图 1.12　激光与材料之间的能量平衡模型[11]

以上研究证实了蒸发对流散热效应及蒸发反冲压力在激光焊接过程中所起到的重要作用。基于这一发现，自洽小孔演化-传热-流动一体化耦合模型成为了激光焊接过程数值模拟的热点。Lee 等[12]以自洽小孔演化为基础建立了一个二维激光焊接瞬态小孔和熔池耦合行为的模型。该模型中，小孔自由界面采用体积分数法（volume of fluid，VOF）追踪，激光能量在小孔壁面的分布采用光线追踪法求解，考虑了热毛细力、反冲压力等多种物理因素，模拟了小孔和熔池瞬态变化过程。随后，Ki 等[13-14]综合考虑了小孔自洽演化、熔池传热与流体、金属蒸发、动力学克努森（Knudsen）层、菲涅耳激光能量吸收机制等复杂物理因素，建立了三维激光焊接熔池小孔耦合数值模型。该模型采用水平集方法（level set method）追踪小孔自由界面，并将该界面作为边界条件用于纳维-斯托克斯（Navier-Stokes，N-S）方程和能量方程的求解，获得了激光焊接过程中动态演化的熔池和小孔形貌以及温度场和流场，如图 1.13 所示。Ki 等[13-14]的上述工作是学术界普遍认可的激光深熔焊接自洽小孔-传热-流动一体化数值模型研究的开创性工作。Huang 等[15]提出了激光焊接瞬态小孔和运动熔池间断耦合模型，系统地讨论了焊接工艺参数（激光功率、焊接速度等）、热物性参数（熔体黏度、导热系数）、物理因素（热毛细力、表面张力、反冲压力等）对熔池和小孔动态行为的影响，其模拟结果与 X 射线观测的实验结果保持一致。

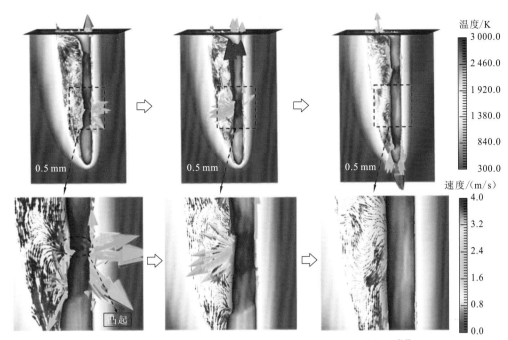

温度/K
3 000.0
2 460.0
1 920.0
1 380.0
840.0
300.0

速度/(m/s)
4.0
3.2
2.4
1.6
0.8
0.0

图 1.13　激光焊接瞬态小孔和熔池动力学行为的耦合机制[15]

　　上述分析表明,国内外在激光深熔焊接传热与流动耦合模型方面取得了很大的进展。最新发展的数值模型几乎考虑了激光焊接中所有的重要物理因素，能够准确模拟小孔震荡、熔池演化、瞬态温度场和流场等重要现象，并与实验结果相吻合。数值模拟方法能够弥补实验手段的不足，帮助人们获取激光焊接过程中熔池内部的温度分布和流场，为更好地理解熔池凝固过程中的组织演化规律打下基础。

1.6　激光焊接微观组织演化行为研究现状

　　焊接熔池凝固过程是一个高温、动态、多场耦合的复杂过程，无法通过实验手段对其进行实时监测，只能通过最终凝固后的焊缝组织定性地推测凝固过程，具有很大的局限性。随着计算机技术和计算材料学的飞速发展，通过数值模拟再现熔池复杂的凝固过程成为了可能。本节将从实验研究和数值模拟研究两个方面，对激光焊接微观组织演化行为进行综述。

1.6.1　激光焊接微观组织演化行为实验研究

　　在激光焊接微观组织演化行为的实验研究方面，相关研究主要通过扫描电子显微镜（scanning electron microscope，SEM）、电子探针微区分析（electron probe microanalysis，EPMA）技术、电子背散射衍射（electron back scattering diffraction，EBSD）技术等手

段观察焊后的组织分布及成分。Chamanfar 等[16]通过 SEM 方法,分析了激光焊接 Ti1023 钛合金接头不同区域的微观组织演化过程,发现母材中的初生 α 相呈球状或板条状分布在 β 基体中,热影响区的初生 α 相有所降低,而熔化区的初生 α 相完全转变为 β 相。Völkers 等[17]通过 SEM 方法,研究了声波作用下 AA7075 铝合金激光焊接微观组织演化规律,发现熔池流动和热力作用导致枝晶产生剪切现象,在焊缝中形成更细的晶粒结构。王丹等[18]通过添加不同化学成分的镍基焊丝,结合激光横向可调拘束实验凝固裂纹结果及焊接温度曲线,借助 SEM、EPMA 等实验手段,观察得到的部分凝固裂纹及微观组织如图 1.14 所示,最终获得了脆性温度区间,并对凝固裂纹敏感性进行了定量评估。

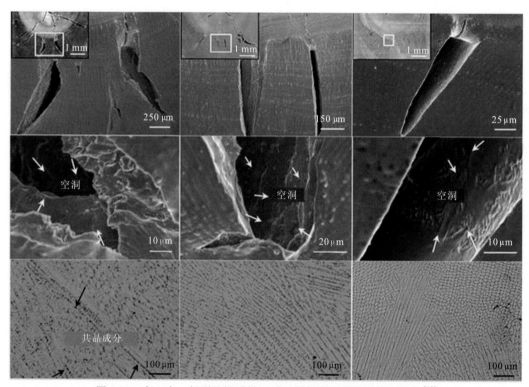

图 1.14　高、中、低裂纹敏感性区域试样的凝固裂纹及微观组织[18]

　　黄毅等[19]基于 EBSD 技术,研究了 6016 铝合金激光焊接接头的微观组织结构分布及形成机理,发现 6016 铝合金接头受到异质形核的作用较大,等轴晶占比较大,且晶粒取向呈随机分布状态,如图 1.15 所示。

　　基于上述实验方法,研究人员能得到焊接微观组织的最终形貌。然而,由于激光焊接凝固过程涉及高温、高速的复杂过程,难以直接获得内部实时、动态的组织演化过程。为了更深入地研究激光焊接微观组织演化行为,揭示熔池凝固组织演化等复杂现象的形成机理,国内外研究人员开展了相关的数值模拟研究。

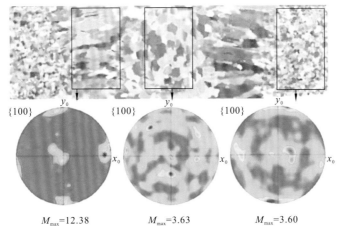

M_{max}=12.38　　M_{max}=3.63　　M_{max}=3.60

图 1.15　6016 铝合金激光焊接接头各区域{100}面的 EBSD 极图[19]

1.6.2　激光焊接微观组织演化行为数值模拟研究

数值模拟可将相变热力学、动力学、界面能、温度场、浓度场、流场等诸多因素有效地综合起来，能够可视化地再现焊接熔池凝固过程中微观组织和溶质偏析的演化。通过模拟研究，可以促使研究人员对焊接熔池凝固过程中微观组织的形成机制理解得更为透彻，从而有利于焊材设计和焊接工艺优化[20]。目前，凝固微观组织模拟方法主要包括确定性方法（deterministic modeling）、随机性方法（stochastic modeling）和相场法（phase-field modeling）。

1. 确定性方法

确定性方法以凝固动力学为理论基础，形核密度和生长速度在特定时刻都是确定的函数，形核后凝固界面的生长速度与过冷度有关，可基于解析模型计算[21-22]。在该类方法中，除耦合微观模型和守恒方程外，还需要假设晶粒的形状，如等轴晶为球形、柱状晶为圆柱形。

确定性方法结合了凝固过程中经典的形核和生长模型。目前，常用的形核模型有三种，即 Oldfield[23]提出的连续形核模型、Rappaz[24]提出的准连续形核模型，以及 Hunt[25]提出的瞬态形核模型。常用的晶粒生长速度计算模型有 Oldfield[23]提出的共晶生长速度模型、Rappaz 等[26]提出的枝晶生长速度模型、Lipton 等[27]提出的 LGK（Lipton-Glicksman-Karz）模型，以及 Kurz 等[22]提出的 KGT（Kurz-Giovanda-Trivedi）模型。Wang 和 Beckermann[28-30]采用平均体积法建立了多相溶质扩散模型。该模型考虑了枝晶组织中不同的长度尺度，以及包括固相（柱状晶或等轴晶）、枝晶间液相、远端液相在内的三种相，认为枝晶的包络线为固液界面，其运动受枝晶尖端生长动力学控制。该模型成功地模拟了柱状晶和等轴晶生长，以及柱状晶向等轴晶转变（columnar-to-equiaxed transition，CET）。

确定性模型以凝固动力学为基础，具有较强的理论基础，但它难以考虑凝固过程中出现的随机形核分布、随机晶粒取向等一些随机现象，无法描述枝晶沿特定方向择优生长的现象。另外，该方法能够计算凝固的固相分数，但不能获得晶粒形貌、枝晶形貌、溶质偏析等细节信息。

2. 随机性方法

随机性方法基于"概率性"的思想来研究晶粒的形核和生长，避免了确定性模型忽略凝固过程中随机现象的缺点。凝固过程中包含很多随机过程，如能量起伏、结构起伏、晶粒形核等，因此，通过概率方法来研究凝固过程微观组织演化更能贴近实际。目前，描述凝固过程的随机性方法包括蒙特卡罗（Monte-Carlo，MC）法和元胞自动机（cellular automaton，CA）法。

1）MC法

MC法以随机抽样为手段，以概率统计理论为基础。它认为，不同属性的质点之间存在界面能（如属于不同晶粒的质点或固液质点），界面的迁移满足最小界面能原理。

在焊接微观组织模拟方面，MC法得到了广泛应用。早期，MC法多用于模拟焊接热影响区的晶粒生长现象。1996年，Gao等[31]结合MC法与第一性原理晶界迁移模型构建了一种新的晶界迁移（grain boundary migration，GBM）模型，模拟了等温和变温条件下晶粒的生长过程，模拟结果与实验结果吻合良好。2005年，Mishra和Debroy[32]对Ti-6Al-4V合金非熔化极惰性气体钨极保护焊（tungsten inert gas welding，TIG）过程中热影响区的晶粒长大进行了研究。他们利用三维传热与流动耦合模型计算焊接温度场，提取出热循环曲线，并作为输入进行MC模型计算。结果表明，熔合线附近的晶粒尺寸比母材晶粒尺寸大4～12倍。

近年来，MC法开始应用于焊接熔池凝固组织的模拟中。2008年，徐艳利[33]基于实验数据（experimental data based，EDB）模型，在假设熔池内无自发形核、溶质均匀分布的基础上，模拟了熔池凝固过程中晶体的生长现象。他根据凝固动力学理论，考虑温度梯度对晶体生长的影响，动态地再现了316L不锈钢和Nimonic263镍基合金TIG焊接熔池凝固过程中介观尺度的晶粒生长过程，如图1.16所示。

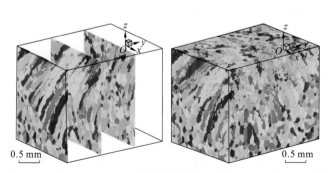

0.5 mm   0.5 mm

图1.16　Nimonic263 TIG焊接熔池凝固组织的MC模拟结果[33]

2016 年以来，Wei 等[34-36]通过耦合三维传热与流动模型和 MC 模型，构建了一个多尺度焊接微观组织模拟模型。该模型考虑了焊接热影响区的晶粒长大行为和熔池凝固过程的晶粒生长行为，实现了焊缝和热影响区晶粒尺寸及分布的定量预测，模拟结果与实验结果吻合良好，部分模拟结果如图 1.17 所示。

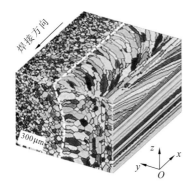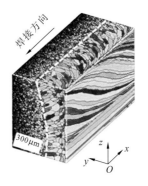

（a）1 m/min　　　　　　　　　　　　（b）8 m/min

图 1.17　不同焊接速度下的模拟三维晶粒织构[36]

MC 法可以高效地模拟熔池凝固过程中介观尺度的晶粒生长，较好地预测出焊缝中的柱状晶区及 CET 过程。然而，该方法未考虑枝晶尖端的生长动力学，在定量预测方面存在不足，物理意义并不明确。另外，该方法目前仅能够模拟介观尺度的晶粒生长，无法模拟微观尺度的枝晶生长，也无法预测溶质分布。

2）CA 法

CA 法的基本思想是将一个物理系统进行时间和空间的离散，认为系统由一系列离散的基本元胞组成，并将具有特定物理意义的变量赋予元胞，如温度、浓度、固相分数等。CA 法与 MC 法的区别是，CA 法中枝晶的生长动力学由确定性方法计算，因此，具有严格的物理意义。CA 法原理清晰，易于实现，已经广泛应用于模铸、定向凝固、增材制造、焊接等过程的组织模拟。

1993 年，Rappaz 和 Gandin[37]考虑了非自发形核和晶粒生长过程的物理机制，引入了形核的随机取向机制和枝晶尖端的生长动力学，提出了一种新的 CA 模型。基于该模型，他们成功地模拟了等温凝固过程中柱状晶竞争生长、CET 等重要物理现象，模拟结果与实验结果吻合良好。2002 年，Zhu 等[38]考虑了溶质在固相和液相中的重新分配，提出了一个改进的 CA 模型。该模型通过 KGT 模型和 LKT（Lipton-Kurz-Trivedi）模型计算枝晶尖端的生长速度，考虑了热过冷、溶质过冷、曲率过冷对尖端生长速度的影响。他们用该模型预测了过冷熔体中的自由枝晶生长和实际铸件中的枝晶竞争生长现象，取得了与实验吻合良好的结果。

随着模型的不断完善，CA 法逐渐在焊接熔池凝固组织的模拟中得到了应用。2008年，占小红[39]基于 CA-FDM（finite difference method，有限差分法）耦合模型，对 Ni-Cr二元合金 TIG 焊接熔池内的枝晶生长过程进行了研究，模拟了 TIG 焊接熔池边缘柱状晶生长、熔池中心等轴晶生长，以及柱状晶与等轴晶竞争生长现象。为了尽可能考虑焊接凝固过程的物理本质，模型引入了动力学过冷度，考虑了非平衡凝固条件下的溶质分配系数和液相线斜率与生长速度之间的关系，部分模拟结果如图 1.18 所示。

图 1.18　某一时刻熔池内的晶粒形貌[39]

2017 年，Han 等[40]基于 CA 模型和三维传热流动模型建立了一个考虑了非平衡凝固效应的宏微观耦合模型。该模型用于预测全焊缝凝固组织演化，再现了柱状晶的竞争生长、等轴晶生长、CET 等典型现象，与实验结果吻合较好，部分模拟结果如图 1.19 所示。

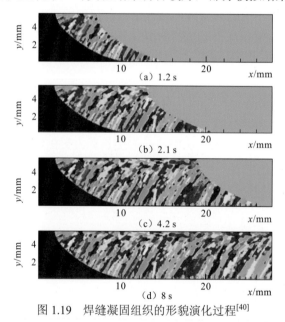

图 1.19　焊缝凝固组织的形貌演化过程[40]

CA 法在模拟熔池凝固过程中的晶粒竞争生长和形貌转变方面具有一定的优势。相比于 MC 法，CA 法考虑了枝晶生长动力学、溶质再分配、溶质扩散等重要物理现象，具有更加明确的物理意义。然而，CA 法在计算过程中需要显式地追踪固液界面，在模拟具有复杂形貌的枝晶生长过程时，固液界面的准确追踪变得十分困难。尽管研究者们提出了诸多的解决思路，但这仍是目前制约 CA 法模拟枝晶生长（特别是三维下的枝晶生长）的关键问题。另外，CA 法对模型网格的形状（四边形或六边形）和尺寸十分敏感，网格的各向异性会导致晶体生长的各向异性（晶体沿着网格的特定方向生长较快），这对定量计算是不利的。

3. 相场法

凝固过程中，固液界面结构取决于结构有序化与热无序化的竞争。相场法以金兹堡-朗道（Ginzburg-Landau）相变理论为基础，考虑了扩散、有序化势、热力学驱动力的综合作用。通过引入一个反映体系内部热力学状态的序参量 ϕ，相场法可将金属凝固相变过程描述为体系内部有序化程度改变的过程，即 ϕ 随时间和空间演化的过程，如图 1.20 所示。其中，$\phi=+1$ 为固相，$\phi=-1$ 为液相，$-1<\phi<+1$ 为固液界面。

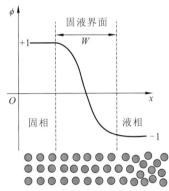

图 1.20　相场变量 ϕ 的物理意义

相对于其他组织模拟方法，相场法的优势有：①避免了固液界面的显式追踪，可以准确地模拟枝晶生长过程中复杂拓扑形貌的演化；②定量地考虑了固液界面曲率、生长动力学、各向异性等对枝晶生长的影响；③可以方便地耦合其他外场，如温度场、流场、溶质场等，从而实现多尺度、多物理场耦合的复杂科学问题的求解。相场法凭借其独特的优势，一经提出就得到了研究学者的青睐，近年来发展更为迅速，在焊接、铸造、增材制造等加工过程的凝固微观组织模拟中得到了广泛应用。

早在 1974 年，Halperin 等[41]为研究动态临界现象提出了"Model C"，该模型就隐含了相场的概念。随后，Collins 等[42]、Caginalp 和 Fife[43]、Langer[44]在"Model C"的基础上发展了相场模型。1989 年，Fife 和 Gill[45]利用数学方法严格分析了相场模型，证明了相场模型在界面厚度趋近于零时与尖锐界面模型是一致的。1993 年，Kobayashi[46]最早利用含有各向异性的相场模型和有限差分法实现了纯金属过冷熔体中枝晶生长的二维模拟，得到了与实际凝固组织相似的枝晶形貌。然而，此工作仍处于定性模拟阶段，缺乏热力学基础。2020 年，Xing 等[47]采用稀二元合金定量多相场模型，研究了稀合金定向凝固过程中柱状晶与退化海藻晶之间的竞争生长，发现两种晶界角均随各自取向角的增加而增加，这表明退化海藻晶在聚晶界的消除率和柱状晶在发散晶界的消除率均随取向角的增大而增大，部分模拟结果如图 1.21 所示。

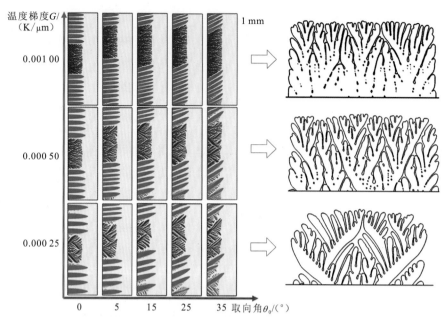

图 1.21 不同温度梯度、取向下的柱状晶和退化海藻晶竞争生长过程[47]

相场法在焊接熔池凝固过程的模拟应用中起步较晚。2008 年，Farzadi 等[48]利用相场法模拟了 Al-Cu（Cu 质量分数为 3%）合金 TIG 焊接熔池凝固过程。通过宏观传热传质模型计算了温度场，提取出熔池不同位置的凝固参数，即温度梯度和凝固速度，作为相场模型的输入，模拟了熔池不同部位的柱状晶生长行为，如图 1.22 所示；进一步研究了焊接工艺参数对柱状晶一次枝晶间距和溶质偏析程度的影响，模拟结果与实验结果吻合良好。

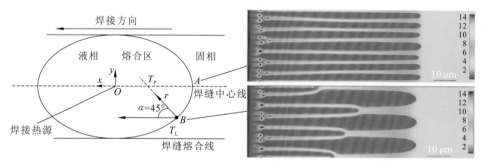

图 1.22 基于相场法模拟的熔池不同位置的凝固组织[48]

T_P 为沿熔合线垂直方向上的最大温度

2014 年，郑文健[49]研究了熔池动态凝固边界条件，考虑了熔池形状参数、焊接工艺参数、凝固时间、界面位置对凝固参数的影响，得到了动态的温度梯度和凝固速度，改进了定向凝固相场模型。基于该模型，他还计算了铝合金 TIG 焊接熔池凝固过程中的平面晶向胞状晶和柱状晶的转变过程，部分模拟结果如图 1.23 所示。

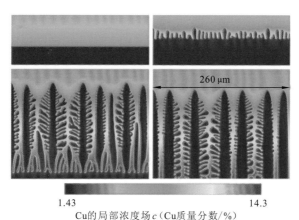

1.43　　　　　　　　　　　　　　　　14.3
Cu的局部浓度场 c（Cu质量分数/%）

图 1.23　利用相场法模拟的动态条件下的熔池凝固微观组织演化过程[49]

2019 年，Yu 等[50]结合宏观温度场计算，利用相场法模拟了铝合金 TIG 焊接熔池凝固过程中的多晶动态生长行为，研究了包括平面生长、外延生长、柱状晶竞争生长在内的不同生长阶段的凝固组织形貌演化规律，揭示了界面能各向异性和母材晶粒尺寸对凝固组织的影响，模拟结果与实验结果一致，部分模拟结果如图 1.24 所示。

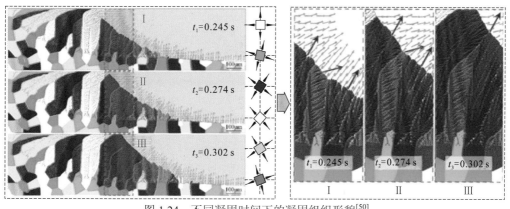

图 1.24　不同凝固时间下的凝固组织形貌[50]

综上所述，目前用于凝固微观组织模拟的方法主要有确定性方法、MC 法、CA 法、相场法，其中用于模拟焊接熔池凝固过程中枝晶形貌演化的主要方法有 CA 法和相场法。与 CA 法相比，相场法避免了复杂固液界面的显式追踪，可以精确地模拟枝晶形貌的演化过程；可以更便捷地耦合温度场、溶质场等其他外部场，易于实现宏观-微观尺度的结合；可以定量地研究固液界面曲率、动力学效应、界面能各向异性等物理因素对枝晶生长的影响。从已经发表的文献来看，相场法在熔池凝固微观组织演化过程的定量模拟方面有着突出优势。

本章参考文献

[1] 刘会杰. 焊接冶金与焊接性[M]. 北京: 机械工业出版社, 2007: 87-89.

[2] 胡汉起. 金属凝固原理[M]. 北京: 机械工业出版社, 2000: 73-81.

[3] KOU S. Welding metallurgy[M]. 2nd ed. Hoboken: John Wiley & Sons, Inc. , 2003: 148-242.

[4] FABBRO R, SLIMANI S, FREDERIC C, et al. Study of keyhole behaviour for full penetration Nd-Yag CW laser welding[J]. Journal of Physics D: Applied Physics, 2005, 38(12): 1881.

[5] FABBRO R, SLIMANI S, DOUDET I, et al. Experimental study of the dynamical coupling between the induced vapour plume and the melt pool for Nd-Yag CW laser welding[J]. Journal of Physics D: Applied Physics, 2006, 39(2): 394.

[6] GAO X S, WU C S, GOECKE S-F. Numerical analysis of heat transfer and fluid flow characteristics and their influence on bead defects formation in oscillating laser-GMA hybrid welding of lap joints[J]. The International Journal of Advanced Manufacturing Technology, 2018, 98(11-12): 1-15.

[7] KAWAHITO Y, WANG H. In-situ observation of gap filling in laser butt welding[J]. Scripta Materialia, 2018, 154: 73-77.

[8] JIN X Z, ZENG L C, CHENG Y Y. Direct observation of keyhole plasma characteristics in deep penetration laser welding of aluminum alloy 6016[J]. Journal of Physics D: Applied Physics, 2012, 45(24): 456-463.

[9] RAI R R, ROY G G, DEBROY T. A computationally efficient model of convective heat transfer and solidification characteristics during keyhole mode laser welding[J]. Journal of Applied Physics, 2007, 101(5): 054909. 1-054909. 11.

[10] KAPLAN A. A model of deep penetration laser welding based on calculation of the keyhole profile[J]. Journal of Physics D: Applied Physics, 1994, 27(9): 1805-1814.

[11] SEMAK V, MATSUNAWA A. The role of recoil pressure in energy balance during laser materials processing[J]. Journal of Physics D: Applied Physics, 1997, 30(18): 2541-2522.

[12] LEE J Y, KO S H, FARSON D F, et al. Mechanism of keyhole formation and stability in stationary laser welding[J]. Journal of Physics D: Applied Physics, 2002, 35(13): 1570-1576.

[13] KI H, MAZUMDER J, MOHANTY P S. Modeling of laser keyhole welding: Part I. mathematical modeling, numerical methodology, role of recoil pressure, multiple reflections, and free surface evolution[J]. Metallurgical and Materials Transactions A, 2002, 33(6): 1817-1830.

[14] KI H, MAZUMDER J, MOHANTY P S. Modeling of laser keyhole welding: Part II. simulation of keyhole evolution, velocity, temperature profile, and experimental verification[J]. Metallurgical and Materials Transactions A, 2002, 33(6): 1831-1842.

[15] HUANG B, CHEN X, PANG S Y, et al. A three-dimensional model of coupling dynamics of keyhole and weld pool during electron beam welding[J]. International Journal of Heat and Mass Transfer, 2017, 115(Part B): 159-173.

[16] CHAMANFAR A, HUANG M F, PASANG T, et al. Microstructure and mechanical properties of laser welded Ti-10V-2Fe-3Al (Ti1023) titanium alloy[J]. Journal of Materials Research and Technology, 2020, 9(4): 7721-7731.

[17] VÖLKERS S, SCHARIFI E, SAJJADIFAR S V, et al. On the influence of in situ sound wave superposition on the microstructure of laser welded 7000 aluminum alloys[J]. Journal of Advanced Joining Processes, 2020, 1: 100013.

[18] 王丹, 门井浩太, 山本元道, 等. 奥氏体系合金激光焊接凝固裂纹敏感性研究[J]. 稀有金属材料与工程, 2021, 50(07): 2435-2446.

[19] 黄毅, 黄坚, 聂璞林. 6016 和 5182 铝合金激光焊接接头的组织与织构[J]. 中国激光, 2019, 46(4): 42-48.

[20] 朱鸣芳, 汤倩玉, 张庆宇, 等. 合金凝固过程中显微组织演化的元胞自动机模拟[J]. 金属学报, 2016, 52(10): 1297-1310.

[21] LIPTON J, GLICKSMAN M E, KURZ W. Dendritic growth into undercooled alloy metals[J]. Materials Science and Engineering, 1984, 65(1): 57-63.

[22] KURZ W, GIOVANOLA B, TRIVEDI R. Theory of microstructural development during rapid solidification[J]. Acta Metallurgica, 1986, 34(5): 823-830.

[23] OLDFIELD W. A quantitative approach to casting solidification: Freezing of cast iron[J]. 1966, 59: 945-950.

[24] RAPPAZ M. Modelling of microstructure formation in solidification processes[M]. Boulder: Westview Press, 1986.

[25] HUNT J D. Steady state columnar and equiaxed growth of dendrites and eutectic[J]. Materials Science and Engineering, 1984, 65(1): 75-83.

[26] RAPPAZ M, THÉVOZ P H. Solute diffusion model for equiaxed dendritic growth: Analytical solution[J]. Acta Metallurgica, 1987, 35(12): 2929-2933.

[27] LIPTON J, GLICKSMAN M E, KURZ W. Equiaxed dendrite growth in alloys at small supercooling[J]. Metallurgical and Materials Transactions: A, 1987, 18(3): 341-345.

[28] WANG C Y, BECKERMANN C. A multiphase solute diffusion model for dendritic alloy solidification[J]. Metallurgical and Materials Transactions: A, 1993, 24(1): 2787-2802.

[29] WANG C Y, BECKERMANN C. A unified solute diffusion model for columnar and equiaxed dendritic alloy solidification[J]. Materials Science and Engineering: A, 1993, 171(1-2): 199-211.

[30] WANG C Y, BECKERMANN C. Prediction of columnar to equiaxed transition during diffusion-controlled dendritic alloy solidification[J]. Metallurgical and Materials Transactions: A, 1994, 25(5): 1081-1093.

[31] GAO J, THOMPSON R G. Real time-temperature models for Monte Carlo simulations of normal grain growth[J]. Acta Materialia, 1996, 44(11): 4565-4570.

[32] MISHRA S, DEBROY T. Measurements and Monte Carlo simulation of grain growth in the heat-affected zone of Ti-6Al-4V welds[J]. Acta Materialia, 2004, 52(5): 1183-1192.

[33] 徐艳利. SUS316 和 NIMONIC263 焊接接头晶粒长大 MONTE CARLO 模拟[D]. 哈尔滨: 哈尔滨工业大学, 2008.

[34] WEI H L, ELMER J W, DEBROY T. Origin of grain orientation during solidification of an aluminum alloy[J]. Acta Materialia, 2016, 115(15): 123-131.

[35] WEI H L, ELMER J W, DEBROY T. Three-dimensional modeling of grain structure evolution during welding of an aluminum alloy[J]. Acta Materialia, 2017, 126: 413-425.

[36] WEI H L, ELMER J W, DEBROY T. Crystal growth during keyhole mode laser welding[J]. Acta Materialia, 2017, 133: 10-20.

[37] RAPPAZ M, GANDIN C. Probabilistic modelling of microstructure formation in solidification processes[J]. Acta Metallurgica et Materialia, 1993, 41(2): 345-360.

[38] ZHU M F, HONG C P. A three dimensional modified cellular automaton model for the prediction of solidification microstructures[J]. ISIJ International, 2002, 42(5): 520-526.

[39] 占小红. Ni-Cr 二元合金焊接熔池枝晶生长模拟[D]. 哈尔滨: 哈尔滨工业大学, 2008.

[40] HAN R H, LI Y Y, LU S P. Macro-micro modeling and simulation for the morphological evolution of the solidification structures in the entire weld[J]. International Journal of Heat and Mass Transfer, 2017, 106: 1345-1355.

[41] HALPERIN B I, HOHENBERG P, MA S-K. Renormalization-group methods for critical dynamics: I. Recursion relations and effects of energy conservation[J]. Physical Review B, 1974, 10(1): 139.

[42] COLLINS J B, LEVINE H. Diffuse interface model of diffusion-limited crystal growth[J]. Physical Review B, 1985, 31(9): 6119-3122.

[43] CAGINALP G, FIFE P C. Dynamics of layered interfaces arising from phase boundaries[J]. SIAM Journal on Applied Mathematics, 1988, 48(3): 506-518.

[44] LANGER J S. Lectures in the theory of pattern formation[J]. Chance and Matter, 1987: 629-711.

[45] FIFE P C, GILL G S. The phase-field description of mushy zones[J]. Physica D: Nonlinear Phenomena, 1989, 35(1-2): 267-275.

[46] KOBAYASHI R. Modeling and numerical simulations of dendritic crystal growth[J]. Physica D: Nonlinear Phenomena, 1993, 63(3-4): 410-423.

[47] XING H, JI M Y, DONG X L, et al. Growth competition between columnar dendrite and degenerate seaweed during directional solidification of alloys: Insights from multi-phase field simulations[J]. Materials & Design, 2020, 185: 108250.

[48] FARZADI A, DO-QUANG M, SERAJZADEH S, et al. Phase-field simulation of weld solidification microstructure in an Al-Cu alloy[J]. Modelling and Simulation in Materials Science and Engineering, 2008, 16(6): 65005.

[49] 郑文健. Al-Cu 合金焊接熔池凝固枝晶动态生长机制的相场研究[D]. 哈尔滨: 哈尔滨工业大学, 2014.

[50] YU F Y, WEI Y H, LIU X B. The evolution of polycrystalline solidification in the entire weld: A phase-field investigation[J]. International Journal of Heat and Mass Transfer, 2019, 142: 118450.

第 2 章

铝合金薄板激光焊接过程多尺度建模与求解

　　激光焊接熔池凝固过程是一个多尺度过程，涉及宏观尺度的传质传热过程和微观尺度的枝晶形核-生长过程。针对这一特点，本章将建立考虑激光焊接熔池宏观传热传质行为和微观枝晶形核-生长行为的多尺度模型，并结合消息传递接口（message passing interface，MPI）和通用图形处理器（general purpose graphic processing unit，GPGPU）对模型进行加速求解。

2.1 激光焊接宏观传热–流动耦合模型

2.1.1 耦合模型基础理论

1. 基本假设

激光焊接过程涉及复杂的传热传质过程，其气、液、固三相可相互转化，存在复杂的交互作用。为了简化模型使其求解具有可行性，做以下几点假设[1]：

（1）熔池中的熔融金属为不可压缩黏性液体，流动方式为层流，各相之间互不渗透；

（2）液固两相之间的糊状区为多孔介质；

（3）忽略金属蒸气流动对焊接过程的影响；

（4）除表面张力与温度有关外，其他物性参数不随温度变化而变化。

2. 控制方程

基于上述假设，综合考虑质量转化、流体流动、能量传递，采用以下方程描述激光焊接过程的输运现象[2]。

连续性方程：

$$\frac{\partial \rho}{\partial t} + \nabla \cdot (\rho V) = 0 \tag{2.1}$$

式中：ρ 为材料密度；t 为时间；V 为三维速度矢量。

动量方程：

$$\frac{\partial}{\partial t}(\rho V) + \nabla \cdot (\rho VV) = -\nabla P + \nabla \cdot (\mu \nabla V) + \rho g + F_M \tag{2.2}$$

式中：P 为压力；μ 为运动黏度；F_M 为动量源项；g 为重力加速度。

能量方程：

$$\frac{\partial}{\partial t}(\rho H) + \nabla \cdot (\rho VH) = \nabla \cdot (\lambda \nabla T) + S_E \tag{2.3}$$

式中：λ 为导热系数；S_E 为能量源项；H 为热焓，可以表示为

$$H = h + \Delta H \tag{2.4}$$

$$H = h_{ref} + \int_{T_{ref}}^{T} c_p \, \mathrm{d}T \tag{2.5}$$

$$\Delta H = f_l L \tag{2.6}$$

式中：h 为敏感焓值；ΔH 为相变潜热；h_{ref} 为参考焓值；T_{ref} 为参考温度；T 为温度；c_p 为定压比热容；L 为熔化潜热；f_l 为液相体积分数，可以表示为

$$f_l = \begin{cases} 0, & T < T_s \\ \dfrac{T - T_s}{T_l - T_s}, & T_s \leqslant T \leqslant T_l \\ 1, & T > T_l \end{cases} \tag{2.7}$$

式中：T_s 和 T_l 分别为固相线温度和液相线温度。

本书采用焓-孔介质技术[3]将糊状区（固液两相共存区）处理成多孔介质。每个网格的孔隙率定义为该网格处的液相体积分数。在固相区域，孔隙率为零，流体速度为零；在糊状区，孔隙率介于 0 与 1 之间，流体在流过此区域时速度将逐渐衰减为零。这一作用可通过在动量方程中添加达西（Darcy）源项[3]实现，达西项可表示为

$$S = -\frac{\mu}{K}V \tag{2.8}$$

式中：K 为各向同性渗透率，其值可根据卡曼-科泽尼（Carman-Kozeny）方程[4]计算，即

$$K = K_0 \frac{f_1^3 + A}{(1 - f_1)^2} \tag{2.9}$$

式中：K_0 为糊状区常数；A 为一个极小数，避免除数为零。

当熔池温度变化时，熔体密度可随之变化，从而其所产生浮力可根据布西内斯克（Boussinesq）假设[5]计算，即

$$S_b = \rho g \beta (T - T_l) \tag{2.10}$$

式中：T_l 为液相线温度；β 为材料热膨胀系数。

3. 自由界面追踪

激光焊接过程中，小孔界面和熔池自由表面处于不断的运动之中，对整个熔池流动、热量传输，以及焊缝的形成具有重要影响。因此，对气液自由界面准确追踪意义重大。本模型采用了 VOF 方法[6]对小孔和熔池自由表面进行追踪。VOF 方法适用于自由表面流动、填充、液体中的气泡运动等互不相溶的两相或多相流的界面追踪，在焊接过程模拟中应用广泛。

在 VOF 方法中，定义了一个标量场 $F(x, y, z, t)$，表示 t 时刻在空间位置 (x, y, z) 处流体的相体积分数。如果 $F=0$，表示对应的网格单元为气相；如果 $F=1$，表示对应的网格单元为液相；如果 $0<F<1$，表示对应的网格单元处于气液相界面上。通过计算相体积分数守恒方程，VOF 方法可以获得不同相在给定时刻的空间分布。相体积分数 F 的守恒方程为[6]

$$\frac{\partial F}{\partial t} + \nabla \cdot (VF) = 0 \tag{2.11}$$

式中：V 为流体三维速度矢量。通过求解上述方程可以获得气液自由界面，从而获得小孔界面和熔池自由表面。

4. 热源模型

激光焊接过程中，当激光能量密度超过临界值时，蒸发反冲压力会导致小孔的形成。材料对激光能量的吸收主要包括小孔内金属蒸气、等离子体的逆轫致吸收和小孔壁面的菲涅耳吸收。本书选用锥形体积热源描述激光焊接过程中的能量吸收，热源模型示意图如图 2.1 所示。该热源模型在推导过程中考虑了复杂的激光能量吸收特征，如多重反射、

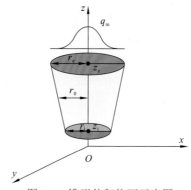

图 2.1 锥形体积热源示意图

小孔壁面的菲涅耳吸收等。在该模型的基础上本书进一步将模型扩展为深度自适应热源，从而可以更好地描述激光焊接过程中小孔深度的振荡行为。改进后的热源模型表达式为

$$Q(r,z) = Q_0 \exp\left[\frac{\ln \chi}{z_i(t) - z_e}(z - z_e)\right] \exp\left[-\frac{3r^2}{r_0^2(z)}\right] \qquad (2.12)$$

式中：

$$Q_0 = \frac{3\eta_1 P \ln \chi}{\pi(1 - e^{-3})[z_i(t) - z_e]\left\{r_e^2 - r_i^2\chi - 2\dfrac{r_i - r_e}{\ln \chi}\left[r_e - r_i\chi - \dfrac{r_i - r_e}{\ln \chi}(1 - \chi)\right]\right\}} \qquad (2.13)$$

式中：P 为激光功率；η_1 为激光吸收效率；z_e 和 $z_i(t)$ 分别为热源上表面和下表面的坐标；$z_i(t)$ 与时间和小孔深度有关；r_e 和 r_i 分别为 z_e 和 $z_i(t)$ 处的有效热源半径；χ 为比例因子。需要注意的是，在原模型中，热源下表面的坐标 z_i 始终为固定的值，而改进后热源下表面的坐标 z_i 为与时间有关的值，表示为 $z_i(t)$。在求解过程中，$z_i(t)$ 随着小孔的震荡而不断变化：当小孔深度增加时，$z_i(t)$ 随之变大；反而反之。激光热源将以能量源项的方式加入能量方程求解。

5. 电磁力方程

磁场主要通过两个方面来影响激光焊接过程中熔池的流动行为：一方面，运动的导电流体与磁场相互作用会产生动生电流，该电流与磁场作用产生的洛伦兹（Lorentz）力会阻碍熔池的流动；另一方面，交变磁场会在导电流体中产生电场，进而产生涡流，该涡流与磁场作用产生的洛伦兹力会影响熔池的流动。根据欧姆（Ohm）定律，以上两种来源的电流密度方程为

$$\boldsymbol{J} = \kappa(\boldsymbol{E} + \boldsymbol{u} \times \boldsymbol{B}) \qquad (2.14)$$

式中：$\boldsymbol{J}$ 为电流密度；κ 为电导率；$\boldsymbol{B}$ 为磁感应强度。当磁场为稳恒磁场且没有其他电流源项时，电流密度可通过以下方程计算，即

$$\boldsymbol{J} = \kappa(\boldsymbol{u} \times \boldsymbol{B}) \qquad (2.15)$$

式中：向量 $\boldsymbol{u} = (u, v, w)$，$\boldsymbol{B} = (B_x, B_y, B_z)$。故式（2.15）可以变换为

$$\boldsymbol{J} = \kappa[(vB_z - wB_y)\boldsymbol{i} + (wB_x - uB_z)\boldsymbol{j} + (uB_y - vB_x)\boldsymbol{k}] \qquad (2.16)$$

式中：i、j、k 为笛卡儿（Descartes）坐标系中 x、y、z 三个坐标轴方向上的单位向量。
动生电流与磁场相互作用产生的洛伦兹力方程为

$$F_{EM} = J \times B \tag{2.17}$$

数值计算中将该作用力作为源项添加在动量方程中求解熔池的速度分布，即

$$F = -\rho_0 g \beta_T (T - T_{melt}) - c_1 \frac{(1-f_1)^2}{f_1^3 + c_2} u + F_{EM} \tag{2.18}$$

式中：ρ_0 为在常温常压下的密度；f_1 为液相分数；第一项为采用布西内斯克近似求解的热浮力与重力的合力；β_T 为热膨胀系数[7]，其表达式为

$$\beta_T = -\frac{l}{\rho} \frac{\partial \rho}{\partial T} \tag{2.19}$$

第二项为液相与固相之间的摩擦力，基于卡曼-科泽尼方程考虑固相线与液相线之间的糊状区液态金属所受到的阻力；c_1 为一个极大常数；c_2 为一个很小的数，防止分母为零；最后一项为洛伦兹力。

2.1.2 几何模型

本书以铝合金薄板激光焊接为例，其激光焊接过程中锥形体积热源示意图如图 2.2 所示。在焊接过程中，涉及激光与材料、材料与金属蒸气，以及空气复杂的热力作用。因此，在利用上述控制方程计算激光焊接传热传质过程之前，需要建立合理的几何模型，并设定合适的边界条件。

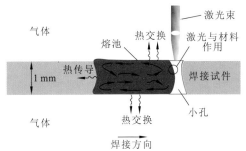

图 2.2 锥形体积热源示意图

图 2.3 为铝合金薄板激光焊接数值模拟几何模型及网格划分示意图。为了方便表述，本书规定 x 轴为焊接方向，y 轴为宽度方向，z 轴为厚度方向。由于整个计算区域关于焊缝中心平面（xOz 平面）对称，为节省计算成本，本书选取整个计算域的一半进行计算。模型沿厚度方向分为三层：中间层为 1.0 mm 厚的铝合金焊接试件，上层为 0.5 mm 厚的气体层，下层为 0.5 mm 厚的气体层。上、下两个气体层的设置使得模型可以模拟焊接过程中熔池自由表面的运动。网格类型设为六面体网格。为了兼顾计算精度和效率，在不同计算区域划分了不同的网格尺寸：在焊缝区域（1.0 mm 宽），传热与流动同时发生，网格尺寸取为较小的 0.05 mm；而远离焊缝的区域，仅仅发生热传递，网格尺寸设为较大的 0.45 mm。

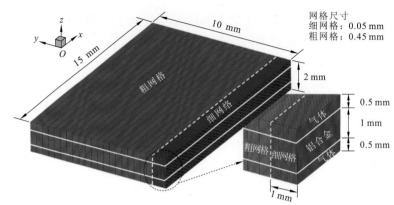

图 2.3　铝合金薄板激光焊接数值模拟几何模型及网格划分

2.1.3　边界条件

1. 能量边界条件

计算域上表面和下表面均设置为压力出口边界。除对称面外，计算域周围均设置为壁面边界。外界与壁面的能量交换主要包括热对流和热辐射，可表示为[6]

$$A\frac{\partial T}{\partial \boldsymbol{n}} = -q_{\mathrm{rad}} - q_{\mathrm{conv}} \tag{2.20}$$

式中：q_{rad} 为热辐射；q_{conv} 为热对流。两项分别为

$$q_{\mathrm{rad}} = \varepsilon\sigma(T^4 - T_0^4) \tag{2.21}$$

$$q_{\mathrm{conv}} = h_{\mathrm{conv}}(T - T_0) \tag{2.22}$$

式中：T 和 T_0 分别为工件温度和环境温度；ε 为黑体辐射系数；σ 为斯特藩-玻尔兹曼（Stefan-Boltzmann）常数；h_{conv} 为对流换热系数。

关于对称面有[8]

$$\frac{\partial u}{\partial y} = 0, \quad v = 0, \quad \frac{\partial w}{\partial v} = 0 \tag{2.23}$$

$$\frac{\partial T}{\partial y} = 0 \tag{2.24}$$

式中：u、v、w 分别为流场速度矢量沿 x、y、z 三个坐标轴方向的分量。

对于包括熔池表面和小孔界面在内的气液自由界面，主要考虑热对流、热辐射、蒸发作用带来的能量损失，即[6]

$$\lambda\frac{\partial T}{\partial \boldsymbol{n}} = q_{\mathrm{rad}} - q_{\mathrm{conv}} - q_{\mathrm{evp}} \tag{2.25}$$

式中：q_{evp} 为蒸发作用引起的热损失，可表示为

$$q_{\mathrm{evp}} = 0.82\frac{\Delta H^*}{\sqrt{2\pi MRT}}P_0\exp\left(\Delta H^*\frac{T - T_{\mathrm{LV}}}{RTT_{\mathrm{LV}}}\right) \tag{2.26}$$

$$\Delta H^* = \Delta H_{\mathrm{LV}} + \frac{\gamma_{\mathrm{c}}(\gamma_{\mathrm{c}} + 1)}{2(\gamma_{\mathrm{c}} - 1)}RT \tag{2.27}$$

式中：ΔH^*为声速下金属蒸气的焓；M为原子质量；R为气体常数；T_{LV}为气液平衡温度；ΔH_{LV}为蒸发潜热；γ_c为比例因子。

2. 力边界条件

对于位于气液界面的网格，其受力主要包括表面张力、反冲压力、静压力、动压力，即[1]

$$P = P_\gamma + P_r + P_g + P_h \tag{2.28}$$

式中：P_γ为表面张力；P_r为反冲压力；P_g为静压力；P_h为动压力。表面张力P_γ可表示为

$$P_\gamma = y\kappa \tag{2.29}$$

式中：γ为表面张力系数；κ为表面曲率，可表示为

$$\kappa = -\left[\nabla \cdot \left(\frac{\boldsymbol{n}}{|\boldsymbol{n}|}\right)\right] = \frac{1}{|\boldsymbol{n}|}\left[\left(\frac{\boldsymbol{n}}{|\boldsymbol{n}|} \cdot \nabla\right) - (\nabla \cdot \boldsymbol{n})\right] \tag{2.30}$$

式中：$\boldsymbol{n}$为自由表面的局部法向量。表面张力系数与温度相关，即

$$\varGamma = \gamma_0 + \frac{\mathrm{d}\gamma}{\mathrm{d}T}(T - T_1) \tag{2.31}$$

式中：γ_0为合金处于液相线时的表面张力；$\mathrm{d}\gamma/\mathrm{d}T$为表面张力梯度。需要注意的是，表面张力由连续界面应力（continuum surface stress，CSS）模型[9]实现。

由于高能量密度激光的辐照，熔融金属瞬间蒸发，对小孔界面产生反冲压力。反冲压力可表示为[10]

$$P_r = 0.54P_0 \exp\left(H_{LV}\frac{T - T_{LV}}{RTT_{LV}}\right) \tag{2.32}$$

式中：P_0为环境压力。

熔融金属作用于小孔界面上的静压力P_g和动压力P_h可分别表示为

$$P_g = gh \tag{2.33}$$

$$P_h = \frac{V^2}{2g} \tag{2.34}$$

式中：g为重力加速度；h为熔融金属所处的相对高度；V为流体速率。

2.1.4 控制方程离散与数值求解

在利用计算流体力学（computational fluid dynamics，CFD）技术进行数值求解之前，需要将几何模型进行离散化处理。常见的离散方法包括有限差分法（finite difference method，FDM）、有限体积法（finite volume method，FVM）、有限元法（finite element method，FEM）等[11]。有限体积法具有积分守恒、计算效率高等优势，近年来得到了快速发展，被许多开源或商用 CFD 软件所采用。因此，本书采用有限体积法对上述数学模型进行求解计算。

下面以二维问题为例，简单介绍有限体积法[12]。图 2.4 为计算域网格划分示意图。图中：P为节点，E、W为其东、西方向的邻居节点，S、N为其南、北方向的邻居节点。每

个节点控制一定的体积，即控制体积。以节点 P 为例，其控制体积为图中阴影区域。不同节点的控制体积互不重叠。e、s、w、n 记为控制体积周围的四个界面，Δx 和 Δy 为其沿 x 轴和 y 轴方向的长度。$(\delta x)_e$、$(\delta x)_w$、$(\delta y)_s$ 和 $(\delta y)_n$ 分别为点 P 到点 E、W、S、N 的距离。

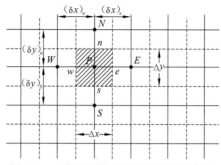

图 2.4 二维问题的有限体积法网格划分

下面针对上述网格建立离散方程。连续性方程、动量方程、能量方程均可写成如下通式[12]：

$$\frac{\partial(\rho\phi)}{\partial t}+\nabla\cdot(\rho\boldsymbol{u}\phi)=\nabla\cdot(\Gamma\nabla\phi)+S \tag{2.35}$$

式中：ϕ 为代表速度、温度或浓度（本书浓度未标明均指质量分数）等物理量的广义变量；Γ 为广义扩散系数；S 为广义源项。

对于图 2.4，在控制体积 P 和时间 Δt 内将控制方程（2.35）积分得到[12]

$$\int_t^{t+\Delta t}\int_{\Delta V}\frac{\partial(\rho\phi)}{\partial t}\mathrm{d}V\mathrm{d}t+\int_t^{t+\Delta t}\int_{\Delta V}\nabla\cdot(\rho\boldsymbol{u}\phi)\mathrm{d}V\mathrm{d}t$$
$$=\int_t^{t+\Delta t}\int_{\Delta V}\nabla\cdot(\Gamma\nabla\phi)\mathrm{d}V\mathrm{d}t+\int_t^{t+\Delta t}\int_{\Delta V}S\mathrm{d}V\mathrm{d}t \tag{2.36}$$

基于高斯散度定理，面积分和体积分可通过以下公式进行转化：

$$\int_{\Delta V}\nabla\cdot\boldsymbol{F}\mathrm{d}V=\int_{\Delta S}(\boldsymbol{F}\cdot\boldsymbol{n})\mathrm{d}S \tag{2.37}$$

于是，公式（2.36）中各项的积分可分别写为

$$\int_t^{t+\Delta t}\int_{\Delta V}\frac{\partial(\rho\phi)}{\partial t}\mathrm{d}V\mathrm{d}t=\int_{\Delta V}\left(\int_t^{t+\Delta t}\rho\frac{\partial\phi}{\partial t}\mathrm{d}t\right)\mathrm{d}V=\rho_P(\phi_P^{t+\Delta t}-\phi_P^t)\Delta V \tag{2.38}$$

$$\int_t^{t+\Delta t}\int_{\Delta V}\nabla\cdot(\rho\boldsymbol{u}\phi)\mathrm{d}V\mathrm{d}t=\int_t^{t+\Delta t}\left[(\rho u\phi A)_e-(\rho u\phi A)_w+(\rho v\phi A)_n-(\rho v\phi A)_s\right]\mathrm{d}t \tag{2.39}$$

$$\int_t^{t+\Delta t}\int_{\Delta V}\nabla\cdot(\Gamma\nabla\phi)\mathrm{d}V\mathrm{d}t$$
$$=\int_t^{t+\Delta t}\left[\left(\Gamma\frac{\partial\phi}{\partial x}A\right)_e-\left(\Gamma\frac{\partial\phi}{\partial x}A\right)_w+\left(\Gamma\frac{\partial\phi}{\partial y}A\right)_n-\left(\Gamma\frac{\partial\phi}{\partial y}A\right)_s\right]\mathrm{d}t$$
$$=\int_t^{t+\Delta t}\left[\left(\Gamma\frac{\partial\phi}{\partial x}A\right)_e-\left(\Gamma\frac{\partial\phi}{\partial x}A\right)_w+\left(\Gamma\frac{\partial\phi}{\partial y}A\right)_n-\left(\Gamma\frac{\partial\phi}{\partial y}A\right)_s\right]\mathrm{d}t \tag{2.40}$$
$$=\int_t^{t+\Delta t}\left[\Gamma_e A_e\frac{\phi_E-\phi_P}{(\delta x)_e}-\Gamma_w A_w\frac{\phi_P-\phi_W}{(\delta x)_w}+\Gamma_n A_n\frac{\phi_N-\phi_P}{(\delta y)_n}-\Gamma_s A_s\frac{\phi_P-\phi_S}{(\delta y)_s}\right]$$

$$S = f(\phi, t) = S_0 + S_P \phi_P \tag{2.41}$$

$$\int_T^{t+\Delta t} \int_{\Delta V} S \mathrm{d}V \mathrm{d}t = \int_t^{t+\Delta t} S \Delta V \mathrm{d}t = \int_t^{t+\Delta t} (S_0 + S_P \phi_P) \Delta V \mathrm{d}t \tag{2.42}$$

获得控制方程的积分表达式后，需要根据节点处的物理量值将控制体积界面处的物理量值表达出来，然后代入求解。接下来对积分表达式中的各项进行时间积分，例如，对 ϕ_P 时间积分，可表示为[12]

$$\int_T^{t+\Delta t} \phi_P \mathrm{d}t = \phi_P \Delta t \tag{2.43}$$

最终，控制方程可化为[12]

$$A_P \phi_P = \alpha_E \phi_E + \alpha_W \phi_W + \alpha_N \phi_N + \alpha_S \phi_S + b \tag{2.44}$$

式中：各项的系数由所采用的离散格式决定。

通过上述步骤获得离散方程组后，下面对方程组进行求解。通常，离散方程组有两种求解方法[12]：①各方程分离求解；②所有或部分方程同时解耦。因为激光焊接过程具有较高的复杂性，难以通过耦合解法直接求解离散方程组，所以多采用分离解法。使用较为广泛的分离解法包括压力耦合方程组的半隐式方法 SIMPLE 和基于算子分裂的压力隐式算法 PISO。SIMPLE 算法是一种基于交错网格的压力预测-修正半隐式算法。PISO 算法改进了 SIMPLE 算法，包括一个预测步骤和两个压力修正步。PISO 算法在迭代过程中会第二次求解压力修正方程得到压力项 p^*，再次代入压力修正方程计算得到新的压力和速度场，最后利用新的压力和速度场计算物理量 ϕ 值。PISO 算法具有计算效率高、收敛性好等特点，在瞬态计算方面有明显优势，因此本书采用该算法求解离散方程组。

在求解离散方程组时，一般需要经过多次迭代才能达到收敛要求。因此，在迭代求解时，需要设定收敛性条件对解集进行监测，在满足收敛要求后结束迭代过程。本书采用残差总和 R^ϕ 对收敛性进行判断。残差总和定义为[13]

$$R^\phi = \frac{\sum_{\mathrm{cells}P} \left| \sum_{nb} a_{nb} \phi_{nb} + b - a_P \phi_P \right|}{\sum_{\mathrm{cells}P} \left| a_P \phi_P \right|} \tag{2.45}$$

式中：a_{nb} 为相邻节点对节点 P 的影响系数；ϕ_{nb} 为在节点界面处物理量的取值；b 为源项常数部分和边界条件的影响系数；a_P 为中心系数；ϕ_P 为变量值在节点 P 的取值。本书设定能量的收敛条件为残差值小于 10^{-6}，质量和动量的收敛条件为残差值小于 10^{-3}。当各物理量的残差总和满足收敛条件时，迭代过程收敛，可终止迭代过程。

2.2 凝固过程微观组织模拟相场模型

2.2.1 形核模型

液态金属形成固态晶核主要包括两种方式，即均匀形核和非均匀形核[14]。均匀形核是指在过冷液态金属中晶胚依靠能量起伏获得驱动力直接成核。非均匀形核是指在过冷液态金属中在那些对形核有催化作用的现成界面上形核。相对于均匀形核，非均匀形核所需要的形核驱动力更低，更容易发生。研究表明，焊缝凝固过程中的形核方式主要是非均匀形核[15]。特别地，根据形核质点的来源，非均匀形核又包括不同的形核机制，主要有枝晶破碎、枝晶脱离、异质形核[16]。基于"重叠焊接"实验方法，本书首次证明了铝合金激光焊接凝固过程中的形核机制主要是异质形核，该部分将在后续章节中详细介绍。

本方法采用 Thévoz 等[17]提出的连续形核模型描述合金的异质形核过程。对于溶质分配系数小于 1 的合金体系，在凝固过程中，由于固相的溶质溶解度小于液相，溶质会在固液界面前沿聚集，形成一个溶质富集的边界层以及相应的成分过冷区域。在本书中，成分过冷定义为 $\Delta T = T_l(c) - T_{local}$，其中 $T_l(c)$ 为合金溶质浓度为 c 时对应的液相线温度，T_{local} 为局部温度。一般认为，晶核的形成与成分过冷直接相关。Thévoz 模型[17]认为形核密度的增量 dn 与过冷度增量 ΔT 之间的关系服从高斯分布，即

$$\frac{dn}{d(\Delta T)} = \frac{n_{max}}{\sqrt{2\pi}(\Delta T_\sigma) \exp\left[-\frac{1}{2}\left(\frac{\Delta T - \Delta T_N}{\Delta T_\sigma}\right)^2\right]} \tag{2.46}$$

式中：n_{max} 为最大形核密度；ΔT_N 和 ΔT_σ 分别为形核过冷度的平均值和标准偏差值。在 Δt 凝固时间内，过冷度的增量为 $\delta(\Delta T)$，由此引发的形核密度增量 δn 和形核概率 P_n 分别为[17]

$$\delta n = \int_{\Delta T}^{\Delta T + \delta(\Delta T)} \frac{dn}{d(\Delta T')} d(\Delta T') \tag{2.47}$$

$$P_n = \delta n \cdot V_{PF} \tag{2.48}$$

式中：V_{PF} 为相场网格单元体积。

进行形核计算时，在每个时间步内扫描计算域内的液相网格，并赋予 0~1 范围内的随机数 Rand。当 Rand $\leqslant P_n$ 且其成分过冷程度大于 ΔT_N 时，以该网格为中心、$2\Delta x$ 为半径的范围内的网格设为固相，作为枝晶生长的核心。与此同时，其晶粒取向赋予 $0\sim\pi/2$ 的一个随机数。

2.2.2　定量相场模型

目前，可根据两种基本方法建立相场模型[18]：一种是热力学一致的熵泛函法，其依据是熵增大原理；另一种是自由能泛函法，其依据是体系自由能降低原理。两种方法均是以金兹堡-朗道自由能形式将某个封闭系统的熵或自由能表示出来。两种方法在计算结果上无定量区别，但是自由能泛函法具有较高的计算效率。本书采用基于自由能泛函法的相场模型。

根据金兹堡-朗道相变理论，二元合金封闭系统的自由能为[19]

$$F = \int_V \left[\frac{\varepsilon_\phi}{2}|\nabla\phi|^2 + f_{AB}(\phi, c, T)\right]dV \tag{2.49}$$

式中：ε_ϕ 为相场梯度能系数，其值与界面能有关；$f_{AB}(\phi, c, T)$ 为组元 A 与 B 的混合自由能密度函数；c 为组元 B 的比热容。对于满足稀释溶液限制的二元合金体系，$f_{AB}(\phi, c, T)$ 可表示为[19]

$$f(\phi,c,T)=(1-c)f^A+cf^B+\frac{RT}{v_m}[(1-c)\ln(1-c)+c\ln c] \tag{2.50}$$

式中：f_A 和 f_B 分别为纯组元 A 和 B 的自由能密度；R 为气体常数；v_m 为摩尔体积。

根据经典线性不可逆热力学，相场和溶质场随时间的演化方程可分别表示为[19]

$$\frac{\partial\phi}{\partial t}=-M_\phi\frac{\delta F}{\delta\phi}=-M_\phi\left(\frac{\partial f}{\partial\phi}-\varepsilon_\phi^2\nabla^2\phi\right) \tag{2.51}$$

$$\frac{\partial c}{\partial t}=\nabla\cdot\left(M_c\nabla\frac{\delta F}{\delta c}\right)=\nabla\cdot\left[M_c c(1-c)\nabla\frac{\partial f}{\partial c}\right] \tag{2.52}$$

式中：M_ϕ 和 M_c 分别为界面动力学系数和与溶质扩散系数相关的正迁移率。式（2.51）和式（2.52）分别为艾伦-卡恩（Allen-Cahn）方程和卡恩-希利亚德（Cahn-Hilliard）方程。

将自由能密度泛函公式（2.49）代入式（2.51）和（2.52）中，进一步推导可得到相场控制方程和溶质场控制方程分别为[19]

$$\tau\frac{\partial\phi}{\partial t}=W^2\nabla^2\phi-f'(\phi)-\lambda g'(\phi)u \tag{2.53}$$

$$\frac{[1+k-(1-k)h(\phi)]}{2}\frac{\partial u}{\partial t}=\nabla\left[D_1 q(\phi)\nabla u\right]+\frac{1}{2}[1+(1-k)u]\frac{\partial h(\phi)}{\partial t} \tag{2.54}$$

式中：$\tau=(M_\phi\omega)^{-1}$ 为弛豫时间；$W=(\varepsilon_\phi^2/\omega)^{1/2}$ 为与梯度自由能系数有关的相场界面厚度，ω 为双阱势的势高；$f'(\phi)=-\phi+\phi^3$ 和 $g'(\phi)=(1-\phi^2)^2$ 为与双阱势和体积自由能有关的插值函数；λ 为与热力学驱动力有关的耦合系数；$u=(c_1-c_1^e)/(c_1^e-c_s^e)$ 为无量纲浓度（c_1、c_1^e、c_s^e 分别为液相溶质浓度、液相平衡浓度和固相平衡浓度）；$h(\phi)=\phi$ 为与溶质浓度有关的插值函数；$q(\phi)=[kD_s+D_1+(kD_s-D_1)\phi]/2D_1$ 为与溶质扩散系数有关的插值函数，保证了溶质扩散系数在固相中为 D_s、在液相中为 D_1，以及在界面附近渐变；k 为溶质平衡分配系数。

为了抵消由厚界面与固液相溶质扩散系数差异引起的不真实的界面效应，Karma[20] 在溶质控制方程中引入了反溶质截留项，该项表示一种净溶质流，方向沿固液界面法线方向从固相流向液相，流动速度正比于界面速度，其具体表达式为

$$J_{AT}=-\frac{1}{2\sqrt{2}}\left(1-k\frac{D_s}{D_1}\right)W_0[1+(1-k)u]\frac{\partial\phi}{\partial t}\frac{\nabla\phi}{|\nabla\phi|} \tag{2.55}$$

金属凝固过程中，固液界面的生长存在各向异性，主要包括界面能各向异性和界面动力学各向异性。各向异性对枝晶形貌选择和枝晶生长稳定性有着重要影响。各向异性因子可表示为[21]

$$a_s(\boldsymbol{n})=(1-3\varepsilon_4)\left[1+\frac{4\varepsilon_4}{1-3\varepsilon_4}\frac{(\partial_{x'}\phi)^4+(\partial_{y'}\phi)^4}{|\nabla\phi|^4}\right] \tag{2.56}$$

式中：$\boldsymbol{n}$ 为固液界面法向量；ε_4 为各向异性强度；(x',y') 为晶粒坐标系，其方向与该晶粒 <100> 取向一致。(x',y') 与计算域坐标系 (x,y) 可通过如下关系进行转换[21]：

$$\begin{pmatrix}\dfrac{\partial\phi}{\partial x'}\\[2mm]\dfrac{\partial\phi}{\partial y'}\end{pmatrix}=\begin{pmatrix}\dfrac{\partial x}{\partial x'}&\dfrac{\partial y}{\partial x'}\\[2mm]\dfrac{\partial x}{\partial y'}&\dfrac{\partial y}{\partial y'}\end{pmatrix}\begin{pmatrix}\dfrac{\partial\phi}{\partial x}\\[2mm]\dfrac{\partial\phi}{\partial y}\end{pmatrix}=\begin{pmatrix}\cos\theta&\sin\theta\\-\sin\theta&\cos\theta\end{pmatrix}\begin{pmatrix}\dfrac{\partial\phi}{\partial x}\\[2mm]\dfrac{\theta\phi}{\partial y}\end{pmatrix} \tag{2.57}$$

式中：θ 为晶粒<100>取向与计算域坐标系 x 轴方向的夹角。将各向异性因子引入界面能和界面动力学后得到[21]

$$W = W_0 a_3(\boldsymbol{n}) \tag{2.58}$$

$$T = \tau_0 a_s^2(\boldsymbol{n}) \tag{2.59}$$

金属凝固过程中存在能量起伏和结构起伏，这些起伏或扰动可以引发枝晶侧向分枝的生长。为了考虑这种现象，需要在控制方程中引入随机扰动。本书考虑了液相中热噪声所致的溶质场扰动，在溶质控制方程引入了波动变量 J_p，其波动强度服从高斯分布，方差为[22]

$$\langle J^m(\boldsymbol{r},t)J^n(\boldsymbol{r}',t')\rangle = 2D_1 q(\phi)\frac{kv_0}{(1-k)^2 N_A c_0}[1+(1-k)u] \times \delta_{mn}\delta(\boldsymbol{r}-\boldsymbol{r}')\delta(t-t') \tag{2.60}$$

式中：v_0 为液相摩尔体积；N_A 为阿伏伽德罗（Avogadro）常量；c_0 为无穷远处的液相浓度，即平均液相浓度；$\delta(\cdot)$ 为赫维赛德（Heaviside）函数。

上述相场模型仅适用于合金的等温凝固过程，接下来将其扩展到适用于非等温凝固的相场模型。为此，引入无量纲温度，其定义为[23]

$$u' = \frac{T - T_s(c_0)}{\Delta T_0} \tag{2.61}$$

式中：T 为真实温度，其值可以从宏观传热和流动耦合模型的计算结果中获取；$\Delta T_0 = T_1(c_0) - T_s(c_0) = |m|c_0(1-k)/k$ 为液相成分为 c_0 时的平衡凝固温度区间（m 为液相线斜率）；$T_1(c_0)$ 和 $T_s(c_0)$ 分别为液相线和固相线温度。

最终，考虑溶质反截留、各向异性、溶质场扰动、非等温凝固等特点，相场控制方程和溶质场控制方程分别化为[23]

$$
\tau_0 a_s(\boldsymbol{n})^2[1+(1-k)u]\partial_t\phi = W_0^2\nabla\cdot[a_s(\boldsymbol{n})^2\nabla\phi] + W_0^2\partial_x\left[|\nabla\phi|^2 \, a_s(\boldsymbol{n})\frac{\partial a_s(n)}{\partial(\partial_x\phi)}\right]
$$
$$
+ W_0^2\partial_y\left[|\nabla\phi|^2 \, a_s(\boldsymbol{n})\frac{\partial a_s(\boldsymbol{n})}{\partial(\partial_y\phi)}\right] - f'(\phi) - \lambda g'(\phi)(u+u') \tag{2.62}
$$

$$
\frac{1}{2}[1+k-(1-k)\phi]\partial_t u = \nabla\cdot\left\{\frac{1}{2}[kD_s + D_1 + (kD_s - D_1)\phi]\nabla u - J_{AT}\right\}
$$
$$
+ \frac{1}{2}[1+(1-k)u]\partial_t\phi - \nabla\cdot J_\mathrm{p} \tag{2.63}
$$

式中：W_0 为固液界面厚度；$\tau_0 = a_2\lambda W_0^2/D_1$ 为表征固液界面原子运动时间的常量；$\lambda = a_1 W_0/d_0$ 为与热力学驱动力有关的耦合系数；$a_1 = 0.8839$ 和 $a_2 = 0.6267$ 为数值常数；$d_0 = k\Gamma/[|m|(1-k)c_0]$ 为化学毛细长度；Γ 为吉布斯-汤姆孙（Gibbs-Thomson）系数。

2.2.3　多晶生长模型

如绪论所述，熔池凝固过程是一个典型的多晶生长凝固过程，涉及多个晶粒间的竞争生长。目前，针对多晶生长的相场模型主要有两种[24]，即多相场模型和取向场模型。多相场模型通过引入多个相场参量 ϕ_i 来区分不同的晶粒。含有 N 个晶粒的系统的有序化过程可以通过一个相场矢量$\boldsymbol{\phi}=(\phi_1, \phi_2, \cdots, \phi_N)$来描述。多相场模型可以定量预测晶界的演化过程，但是计算量较大，对计算机内存要求较高。

本方法主要研究铝合金激光焊接熔池凝固微观组织的演化规律，这种演化行为主要由凝固早期和中后期的晶粒、枝晶生长行为决定，而受糊状区深处凝固末期晶粒间晶界以及晶界与液相的交互作用的影响较小。因此，本方法采用了一个相对简单、高效的方法来描述凝固过程中的多晶生长行为。与取向场模型类似，在原来相场模型的基础上额外引入一个描述晶粒取向信息的取向场θ，θ仅在ϕ大于一定的临界值（本书取为-0.0001）时取值，在晶粒周围形成一个晕层，如图2.5所示。取向场θ随相场ϕ的演化而演化。通过本方法可以模拟凝固过程中任意多个任意取向的晶粒的生长行为。

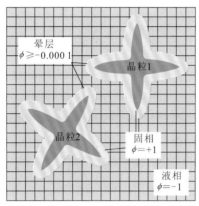

图 2.5　多晶生长及晶粒周围的晕层示意图

2.2.4　磁场作用下的相场模型

磁场作用下的枝晶生长过程中，液相流动根据产生的原因可分成三类，即热电磁流动、自然对流、强制流动。热电磁流动是由热电磁力驱动晶间液相运动而形成的流动；自然对流是由凝固过程中的温度差和浓度差引起的液相流动；强制流动是熔池流动带动凝固前沿的流动。在凝固过程中液相流动通过求解质量、动量守恒方程获得，为准确求解糊状区的液相流动，同时提高计算效率，假设液相为不可压缩的牛顿（Newton）流体，不考虑晶粒随液相的运动。描述液相流动的纳维-斯托克斯（N-S）方程如下。

质量守恒方程：

$$\nabla \cdot (\phi_l \boldsymbol{u}_l) = 0 \tag{2.64}$$

动量守恒方程：

$$\frac{\partial}{\partial t}(\rho \phi_l \boldsymbol{u}_l) + \nabla \cdot (\rho \phi_l \boldsymbol{u}_l \boldsymbol{u}_l) = -\phi_l \nabla P + \nabla \cdot [v \nabla(\rho \phi_l \boldsymbol{u}_l)] + \boldsymbol{F}_{\mathrm{d}} + \boldsymbol{F}_{\mathrm{TEMFF}} + \boldsymbol{F}_{\mathrm{bu}} + \boldsymbol{F}_{\mathrm{g}} \tag{2.65}$$

式中：v为动力黏度系数；$\boldsymbol{F}_{\mathrm{d}}$为固液相之间作用的耗散力；$\boldsymbol{F}_{\mathrm{TEMF}}$为热电磁力；$\boldsymbol{F}_{\mathrm{bu}}$为浮力[25]；$\boldsymbol{F}_{\mathrm{g}}$为重力。$\boldsymbol{F}_{\mathrm{d}}$的表达式为

$$F_d = -h^*(1-\phi)\rho v \frac{\phi^2}{\eta^2} \boldsymbol{u}_1 \tag{2.66}$$

式中：系数 $h^* = 147$[26]。浮力计算采用布西内斯克近似[27-28]，在马赫（Mach）数较小时，除浮力项外，流体密度为常数。在浮力部分，流体的局部密度可表示为局部浓度和温度的线性函数[29-30]，其表达式为

$$P = \rho_0[1 - \beta(C_1 - C_0) - \beta_T(T - T_0)] \tag{2.67}$$

式中：

$$\beta = \frac{1}{\rho_0}\frac{\partial \rho}{\partial c} \tag{2.68}$$

单位流体受到的浮力和重力分别为

$$F_{bu} = \rho_0 g \tag{2.69}$$

$$F_g = \rho g = \rho_0[1 - \beta_c(C_1 - C_0) - \beta_T(T - T_0)]g \tag{2.70}$$

浮力与重力的合力为

$$F_{bu} + F_g = -\rho_0 g[\beta_c(C_1 - C_0) - \beta_T(T - T_0)] \tag{2.71}$$

式中：g 为重力加速度；C_0 为初始液相中溶质浓度；T_0 为参考温度；左侧第一项为溶质变化引起的浮力；第二项为温度变化引起的浮力。

在晶粒生长过程中，流动的液相与晶体界面接触时流动状态会发生改变，然而晶体的固液界面很不规则，用传统方法求解糊状区液相流动在处理固液界面时极其复杂。格子-玻尔兹曼方法（lattice Boltzmann method，LBM）在处理任意复杂界面时具有很大的优势，而且其算法简单，计算效率高，易于并行[30-32]。

LBM 的特点是采用液相粒子分布函数 $f_i(\boldsymbol{x}, t)$ 来捕捉系统的动态变化。液相密度 ρ 和流动速度 $\boldsymbol{u}_1$ 可以通过液相粒子分布函数 $f_i(\boldsymbol{x}, t)$ 求得。在基于单步松弛时间的巴特纳格尔-格罗斯-克鲁克（lattice Bhatnagar-Gross-Krook，LBGK）模型中，液相粒子函数分布的演化过程为[30,33]

$$F_i(\boldsymbol{x} + \boldsymbol{e}_i\Delta t, t + \Delta t) - f_i(\boldsymbol{x}, t) = \frac{1}{\tau_f}[f_i^{eq}(\boldsymbol{x}, t) - f_i(\boldsymbol{x}, t)] + F_i(\boldsymbol{x}, t) \tag{2.72}$$

式中：Δt 为时间步长；τ_f 为无量纲松弛时间；$f_i^{eq}(\boldsymbol{x}, t)$ 为液相粒子平衡分布函数；$F_i(\boldsymbol{x}, t)$ 为外力项。τ_f 和 $f_i^{eq}(\boldsymbol{x}, t)$ 的表达式分别为

$$\tau_f = \frac{v}{c_s^2\Delta t} + 0.5 \tag{2.73}$$

$$F_i^{eq}(\boldsymbol{x}, t) = \omega_i\rho\left[1 + \frac{\boldsymbol{e}_i \cdot \boldsymbol{u}_1}{c_s^2} + \frac{(\boldsymbol{e}_i \cdot \boldsymbol{u}_1)^2}{2c_s^4} - \frac{\boldsymbol{u}_1^2}{2c_s^2}\right] \tag{2.74}$$

式中：c_s 为声速。液相所受作用力的离散方程为[34]

$$F_i = \left(1 - \frac{1}{2\tau_f}\right)\omega_i\left(\frac{\boldsymbol{e}_i - \boldsymbol{u}_1}{c_s^2} + \frac{\boldsymbol{e}_i \cdot \boldsymbol{u}_1}{c_s^4}\boldsymbol{e}_i\right) \cdot \boldsymbol{F} \tag{2.75}$$

式中：ω_i 为与方向有关的权重系数；速度矢量 $\boldsymbol{e}_i$ 为在 i 方向上相对于参考点的速度；$\boldsymbol{F} = \boldsymbol{F}_d + \boldsymbol{F}_{TEMP} + \boldsymbol{F}_{bu} + \boldsymbol{F}_g$ 为液相流体粒子受到的作用力，包括耗散力、电磁力、浮力、重力。

液相密度 ρ 和速度 $\boldsymbol{u}_1$ 可通过液相粒子分布函数 $f_i(\boldsymbol{x}, t)$ 求解，其表达式分别为

$$\rho = \sum_i f_i \tag{2.76}$$

$$\rho \boldsymbol{u}_1 = \sum_i \boldsymbol{e}_i f_i + \frac{\Delta t}{2} \boldsymbol{F}_i \tag{2.77}$$

为保证 LBM 方程能够顺利求解，使得由 LBM 得到的解与 N-S 方程得到的解一致，需要选择合适的离散速度集 $\{\boldsymbol{e}_i\}$。由于计算效率与离散速度数成比例关系，为了在保证精度的同时提高计算效率，需要选择合适 DdQq 模型（d 为空间维度，q 为离散速度数）。在求解二维空间的对流问题时，D2Q9 模型的应用最为广泛[32]，本书在研究磁场作用下晶体生长过程糊状区的液相流动问题时选用单时间松弛的 LBGK-D2Q9 模型，图 2.6 为该模型离散速度集的空间表示，数字表示参考格子点，中心点的编号为 0。

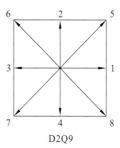

图 2.6　D2Q9 模型离散速度集

速度集各方向上的速度表达式为

$$\boldsymbol{E}_i = \begin{cases} (0, 0), & i = 0 \\ (\pm c, 0), (0, \pm c), & i = 1, 2, 3, 4 \\ (\pm c, \pm c), & i = 5, 6, 7, 8 \end{cases} \tag{2.78}$$

式中：$c = \Delta x / \Delta t$ 为粒子速度（Δx 为网格尺寸，Δt 为时间步长）；$i = 0$ 为参考格子点；$i = 1, 2, 3, 4$ 分别为右边、上部、左边、下部方向；$i = 5, 6, 7, 8$ 分别为右上、左上、左下、右下方向。相应地，与方向相关的权重系数的表达式为

$$\omega_i = \begin{cases} 4/9, & i = 0 \\ 1/9, & i = 1, 2, 3, 4 \\ 1/36, & i = 5, 6, 7, 8 \end{cases} \tag{2.79}$$

在磁场作用下，热电磁流动会对凝固过程产生重要影响，因此需要在相场模型中耦合热电磁流动，热电磁流动的引入不会改变相场方程[26]，但是会在溶质场中引入对流项。耦合流场后的溶质场演化方程为

$$\dot{C} + \boldsymbol{u}_1 \nabla [(1 - \phi) C_1] = \nabla \cdot [D_1 (1 - \phi) \nabla C_1] + \nabla \cdot \boldsymbol{j}_{\text{at}} \tag{2.80}$$

2.3　激光焊接熔池凝固过程宏-微观跨尺度关系

激光焊接过程中焊缝冷却速度较快（10^3 K/s 量级），枝晶组织细小。在相场模拟中，为了充分描述微观组织的细节，确保计算结果的精度，要求相场模型网格尺寸比微观组织特征尺寸（一般取为枝晶尖端半径）至少小一个数量级[35]。经实验分析与理论推导，本书设定相场模型网格尺寸为 0.03 μm。需要说明的是，该参数的选取亦与材料的物性参数相关，后面会有详细介绍。铝合金薄板激光焊接焊缝的宽度一般在毫米级别，因此，

即使在二维空间下模拟全焊缝凝固微观组织演化，也需要极大数量的网格，对计算机的硬件配置提出了很高的要求。本书将铝合金薄板激光焊接熔池的三维凝固过程简化为二维过程。这一简化能够成立的基础是：在铝合金薄板激光焊接过程中，由于板厚较薄，热流可近似为二维的；也就是说，在厚度方向温度场是均匀的，没有明显的热流动。后面将通过实验和宏观模拟结果说明这一假设的合理性。

接下来介绍多尺度模型的实现过程，如图 2.7 所示。第一步是获取二维准稳态温度场。如图 2.7（a）所示，将试板中部截面 A 的二维准稳态温度场从三维模拟结果提取出来。考虑到焊缝具有对称性，取二维准稳态温度场的一半作为相场模型的温度场计算域，如图 2.7（b）下方红色矩形框所示。相场计算域如图 2.7 中蓝色区域所示。随着激光束向前移动，温度场也不断向前移动，并通过相场计算域。这等价于：温度场保持不动，相场计算域从温度场前部向尾部不断移动。上述过程如图 2.7（b）和（c）所示，图中示意

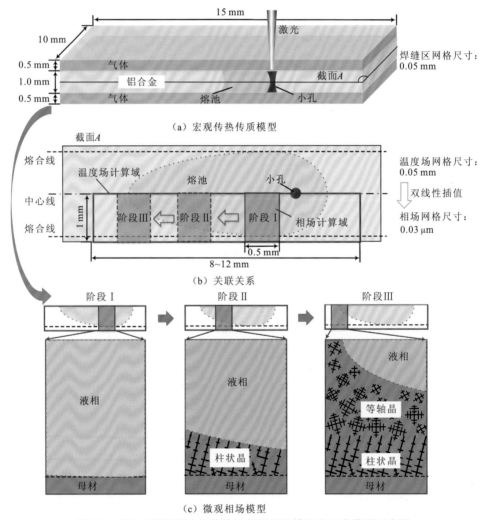

（a）宏观传热传质模型

（b）关联关系

（c）微观相场模型

图 2.7　铝合金薄板激光焊接熔池凝固组织模拟多尺度模型示意图

了三个不同的凝固阶段：在阶段 I，当温度超过液相线温度时，母材被熔化形成熔池；随着温度场的移动，熔池边缘温度下降，柱状晶开始生长，如阶段 II 所示；在阶段 III，等轴晶开始在焊缝中心形成，熔池逐渐全部凝固。

如上所述，宏观温度场的网格尺寸在 10^{-2} mm 量级，而微观相场的网格尺寸在 10^{-2} μm 量级，宏、微观网格尺寸相差 1000 倍左右。为此，本书采用双线性插值方法，实现宏观温度场与微观相场网格尺寸的匹配，即

$$T(x,y) = \frac{1}{(x_2-x_1)(y_2-y_1)}(x_2-x, x-x_1)\begin{pmatrix} T(Q_{11}) & T(Q_{12}) \\ T(Q_{21}) & T(Q_{22}) \end{pmatrix}\begin{pmatrix} y_2-y \\ y-y_1 \end{pmatrix} \tag{2.81}$$

式中：$T(x,y)$ 为在任意位置 (x,y) 的待插值温度；$T(Q_{11})$、$T(Q_{12})$、$T(Q_{21})$、$T(Q_{22})$ 分别为点 $Q_{11}=(x_1,y_1)$、$Q_{12}=(x_1,y_2)$、$Q_{21}=(x_2,y_1)$、$Q_{22}=(x_2,y_2)$ 处已知的温度。

2.4　多节点多 GPU 并行计算求解方法

2.4.1　CPU-GPU 异构体系结构

近年来，多核、众核处理器成为了发展趋势，以满足人们对高性能计算的需求。GPU 作为一种典型众核处理器，与 CPU 相比，其优点有[36]：①更多的计算核心；②更高的计算性能；③相同的运算能力下更低的能耗；④硬件设计上更多的资源用于算术运算。因此，在高性能计算领域，基于 CPU-GPU 异构体系结构的高性能计算平台得到了青睐。

CPU 与 GPU 晶体管数量及用途对比示意图如图 2.8 所示。CPU-GPU 异构平台可以充分发挥二者的特长，促进资源的最大化利用。

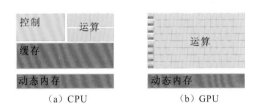

图 2.8　CPU 与 GPU 晶体管数量及用途对比示意图

图 2.9 所示为一个典型的 CPU-GPU 异构系统。CPU 和 GPU 通过 PCIe 总线连接，各自拥有独立的内存空间，分别为主存和显存。计算时，CPU 一般先经 PCIe 将数据从主存传至显存，然后 GPU 开始计算；计算完成后，GPU 再将计算结果通过 PCIe 总线返回到主存。

图 2.10 所示为一种典型的 CPU-GPU 集群组织方式。CPU-GPU 异构集群可通过若干计算节点组建，每个节点内部封装了若干 CPU 和 GPU，PCIe 总线负责节点内部通信，高速互联网络负责节点间通信。

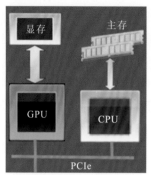

图 2.9　典型的 CPU-GPU 异构系统

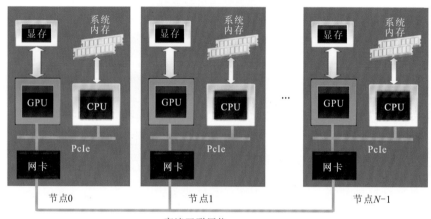

图 2.10　典型的 CPU-GPU 集群组织方式

2.4.2　并行编程模型

1. MPI 并行编程模型

消息传递是指通过显式地发送与接收消息来完成不同处理机之间的数据交换、协调步伐、控制执行。与共享内存编程模型 openMP 不同，在这种并行模型中，每个进程各自占有独立的内存空间，不同进程之间无法直接相互访问，只能通过显式的消息传递来实现数据交互[37]。

MPI 是由研究人员设计与开发的一个用于多种并行计算架构的消息传递标准规范，它定义了用 C/C++和 Fortran 编写消息传递程序的核心语法和语义。

点对点通信是 MPI 最基本的通信模式。通信时，某一进程发送消息，另外某一进程接收消息。除此之外，聚合通信是 MPI 另一种通信模式。与点对点通信不同，这种通信模式可使在同一个通信域里所有进程通过调用同一个函数进行通信。MPI 消息通信模型如图 2.11 所示。

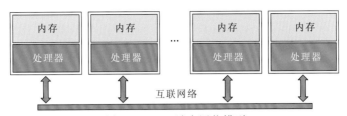

图 2.11　MPI 消息通信模型

尽管 MPI 提供了很多函数接口，但是最基本的函数接口只有六个，如表 2.1 所示。通过这六个基本函数，就可以实现简单的 MPI 程序。

表 2.1　MPI 六个基本的函数接口

函数名	函数功能
MPI_INIT	完成 MPI 程序的初始化
MPI_COMM_SIZE	返回给定通信域内包括的进程数量
MPI_COMM_RANK	返回调用函数进程的 ID 标识
MPI_SEND	将当前进程的数据发送给目标进程
MPI_RECV	接收由 MPI_SEND 函数发送的数据
MPI_FININALIZE	结束 MPI 程序

2. CUDA 并行编程模型

计算统一设备体系结构（compute unified device architecture，CUDA）是 NVIDIA 公司推出的，支持 GPU 作为协处理器辅助 CPU 进行通用计算。

图 2.12 为 CUDA 软件体系结构，从顶层到底层包括三层软件体系，分别为 CUDA 库函数、CUDA 运行时库函数、CUDA Driver API。CUDA 运行时库函数和 CUDA Driver API 均提供了对设备管理、线程管理、流管理、执行控制等应用程序的接口，其功能是相同的，但所处的层次不同。根据不同的需求，编程人员可以调用不同级别的库函数，实现对 GPU 的复杂操作。

在 CUDA 编程模型中，CPU 端称为 Host，GPU 端称为 Device。图 2.13 为 CUDA 编程模型及线程层次示意图。CUDA 源代码由主机端的串行代码和设备端的内核函数组成，编译时采用 nvcc 编译器，并将其分为设备端 PTX 代码和主机端代码，PTX 代码再经过动态编译器编译到 GPU 上。程序执行时，会顺序执行主机端代码和设备端代码。对一个 CUDA 程序而言，它可包含多个内核函数，不同的内核函数可多次调用 GPU 进行计算。

CUDA 线程可通过编写内核函数实现调用。内核函数以 grid（线程网格）为单位，每一个 grid 又包含多个 block（线程块），每个 block 由多个 thread（线程）构成。实际上，block 是内核函数执行的基本单元，grid 的定义只是为了在逻辑上便于表述多个能够并行执行的 block 的集合。block 可并行执行，但各个 block 之间无法相互通信。同一个 block 内的多个 thread 可并行执行，而且相互之间能够通信。

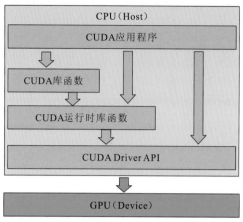

图 2.12　CUDA 软件体系结构

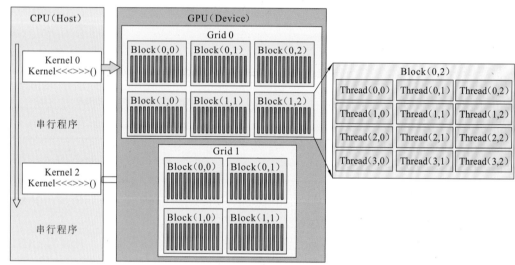

图 2.13　CUDA 编程模型及线程层次示意图

CUDA 中规定了存储器模型，包括寄存器、共享内存存储器、局部存储器、纹理存储器、常数存储器、全局存储器六种。thread 在运行时将根据需要调用与存储不同存储器中的数据，每种存储器设备的访问权限均有所区别，本书不再详细介绍。

2.4.3　计算域分解

为了实现铝合金激光焊接全焊缝凝固微观组织的模拟，需要很大数量的网格（10^9量级），对计算机计算能力和内存容量提出了巨大挑战，在单个计算节点或单个 GPU 上难以实现。为此，需要对应用程序添加多节点多 GPU 的支持，这样一方面可以解决数据集过大、单 GPU 内存太小的问题，另一方面能够大大提升程序吞吐量和计算效率。

为了设计多节点多 GPU 并行程序，需要跨设备分配工作负载，将计算域进行分解。对二维问题而言，常见的计算域划分方法有一维划分和二维划分。本书采用一维划分方法，将整体计算域沿 y 轴方向分解为若干个子计算域，使其分布在多个 GPU 上，如图 2.14 所示。

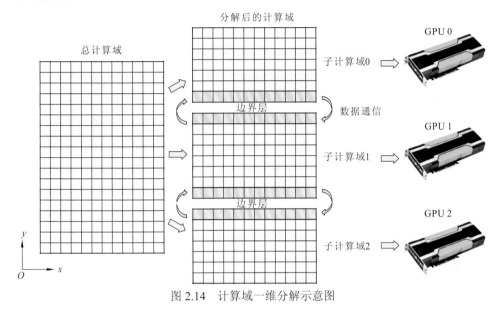

图 2.14　计算域一维分解示意图

因为对一个给定点的计算需要用到它临近的 4 个点，所以需要为存储在每个 GPU 上的数据添加 Halo 区域。在每个计算步，相邻设备或相邻子计算域之间 Halo 区域需要进行数据交换。程序的数据通信主要包含三个步骤：①利用 CUDA APIs 将每个子计算域边界 Halo 区域的数据从 GPU 传递给 CPU；②利用 MPI 实现不同进程间的数据通信；③利用 CUDA APIs 将数据从 CPU 返传给 GPU。

2.5　程序代码编写示例与说明

2.5.1　相场离散

相场模型主要包括相场控制方程和溶质场控制方程。首先将相场控制方程离散化。对于相场控制方程，本书采用有限差分法对其离散[19]，相场 ϕ 的一阶偏导表示为

$$\phi_x = \frac{\phi_{i+1,j} - \phi_{i-1,j}}{2\Delta x}, \qquad \phi_y = \frac{\phi_{i,j+1} - \phi_{i,j-1}}{2\Delta y} \tag{2.82}$$

点 (i,j) 处的一阶偏导离散代码如下：

```
//坐标转换前的一阶偏导
dphi_dx0=(phi_old[i+1][j]-phi_old[i-1][j])/2.0/grid_size;
dphi_dy0=(phi_old[i][j+1]-phi_old[i][j-1])/2.0/grid_size;
```

其中：phi_old 为上一个时间步的相场 ϕ 值；grid_size 为模拟网格的大小。

相场 ϕ 的二阶偏导表示为

$$\phi_{xx} = \frac{\phi_{i+1,j} + \phi_{i-1,j} - 2\phi_{i,j}}{\Delta x^2} , \qquad \phi_{yy} = \frac{\phi_{i,j+1} + \phi_{i,j-1} - 2\phi_{i,j}}{\Delta y^2} \qquad (2.83)$$

$$\phi_{xy} = \phi_{yx} = \frac{\phi_{i+1,j+1} + \phi_{i-1,j-1} - \phi_{i+1,j-1} - \phi_{i-1,j+1}}{4\Delta x^2} \qquad (2.84)$$

对于相场控制方程中的拉普拉斯（Laplace）算子，为了尽可能消除网格的各向异性，采用如下九点格式离散：

$$\nabla^2 \phi = \frac{2(\phi_{i+1,j} + \phi_{i-1,j} + \phi_{i,j+1} + \phi_{i,j-1}) + (\phi_{i+1,j+1} + \phi_{i-1,j+1} + \phi_{i+1,j-1} + \phi_{i-1,j-1}) - 12\phi_{i,j}}{4\mathrm{d}x^2} \qquad (2.85)$$

点 (i, j) 处的拉普拉斯算子离散代码如下：

```
//拉普拉斯算子求解
phi_laplacian[i][j]=(2.0*(phi_old[i+1][j]+phi_old[i-1][j]
                    +phi_old[i][j+1]+phi_old[i][j-1])
                    +(phi_old[i+1][j+1]+phi_old[i-1][j+1]
                    +phi_old[i+1][j-1]+phi_old[i-1][j-1])
                    -12.0*phi_old[i][j])/4.0/grid_size/grid_size;
```

通过公式（2.57）进行坐标转换，代码如下：

```
//坐标转换后的一阶偏导
dphi_dx=cos(orientation[i][j])*dphi_dx0+sin(orientation[i][j])
        *dphi_dy0;
dphi_dy=-sin(orientation[i][j])*dphi_dx0+cos(orientation[i][j])
        *dphi_dy0;
```

其中：orientation[i][j]表示 (i, j) 坐标网格与计算域坐标系 x 轴方向的夹角。

根据式（2.56）计算各向异性，代码如下：

```
//各向异性因子求解
MAG2=dphi_dx*dphi_dx+dphi_dy*dphi_dy;
Atheta=(1.0-3.0*Anisotropy)*(1.0+4.0*Anisotropy/(1.0-3.0*
        Anisotropy)*(pow(dphi_dx,4)+pow(dphi_dy,4))/pow(MAG2,2));
```

其中：Anisotropy 为各向异性强度 ε_4；Atheta 为各向异性因子 $a_s(\boldsymbol{n})$。

各向异性项包括三个部分，其离散较为复杂，分别为

$$W_0^2 \nabla \cdot [a_s(\boldsymbol{n})^2 \nabla \phi] = \nabla \cdot (W^2 \nabla \phi) = W^2(\phi_{xx} + \phi_{yy}) + 2W(W_x \phi_x + W_y \phi_y) \qquad (2.86)$$

$$W_0^2 \partial_x \left[|\nabla \phi|^2 a_s(\boldsymbol{n}) \frac{\partial a_s(\boldsymbol{n})}{\partial(\partial_x \phi)} \right] = \partial_x \left[|\nabla \phi|^2 W \frac{\partial W}{\partial(\partial_x \phi)} \right] = RWW'_{\phi_x} + RW_x W_{\phi_x} + WW_{\phi_x} R_x \qquad (2.87)$$

$$W_0^2 \partial_y \left[|\nabla \phi|^2 a_s(\boldsymbol{n}) \frac{\partial a_s(\boldsymbol{n})}{\partial(\partial_y \phi)} \right] = \partial_y \left[|\nabla \phi|^2 W \frac{\partial W}{\partial(\partial_y \phi)} \right] = RWW'_{\phi_y} + RW_y W_{\phi_y} + WW_{\phi_y} R_y \qquad (2.88)$$

式中：

$$W = W_0 a_s(n) = W_0(1 - 3\varepsilon_4)\left[1 + \frac{4\varepsilon_4}{1 - 3\varepsilon_4} \frac{(\partial_x \phi)^4 + (\partial_y \phi)^4}{|\nabla \phi|^4}\right] \tag{2.89}$$

$$W_x = 16W_0\varepsilon_4 \frac{\phi_x^3 \phi_{xx} + \phi_y^3 \phi_{xy}}{(\phi_x^2 + \phi_y^2)^2} - 16W_0\varepsilon_4 \frac{(\phi_x^4 + \phi_y^4)(\phi_x\phi_{xx} + \phi_y\phi_{xy})}{(\phi_x^2 + \phi_y^2)^3} \tag{2.90}$$

$$W_y = 16W_0\varepsilon_4 \frac{\phi_x^3 \phi_{xy} + \phi_y^3 \phi_{yy}}{(\phi_x^2 + \phi_y^2)^2} - 16W_0\varepsilon_4 \frac{(\phi_x^4 + \phi_y^4)(\phi_x\phi_{xy} + \phi_y\phi_{yy})}{(\phi_x^2 + \phi_y^2)^3} \tag{2.91}$$

$$W_{\phi_x} = 16W_0\varepsilon_4 \frac{\phi_x(\phi_x^2\phi_y^2 - \phi_y^4)}{(\phi_x^2 + \phi_y^2)^3}, \qquad W_{\phi_y} = 16W_0\varepsilon_4 \frac{\phi_y(\phi_x^2\phi_y^2 - \phi_x^4)}{(\phi_x^2 + \phi_y^2)^3} \tag{2.92}$$

$$R = |\nabla \phi|^2 = \phi_x^2 + \phi_y^2, \quad R_x = 2(\phi_x\phi_{xx} + \phi_y\phi_{xy}), \quad R_y = 2(\phi_x\phi_{xy} + \phi_y\phi_{yy}) \tag{2.93}$$

$$W'_{\phi_x} = \frac{\partial}{\partial x}\frac{\partial W}{\partial \phi_x} = 16W_0\varepsilon_4 \frac{RA_{xx} - 3R_x A_x}{R^4} \tag{2.94}$$

$$W'_{\phi_y} = \frac{\partial}{\partial y}\frac{\partial W}{\partial \phi_y} = 16W_0\varepsilon_4 \frac{RA_{yy} - 3R_y A_y}{R^4} \tag{2.95}$$

各向异性项部分代码如下：

```
//各向异性项
As_phi_x=16*W0*Anisotropy*((dphi_dx*dphi_dx*dphi_dx*cos
        (orientation[i][j])+dphi_dy*dphi_dy*dphi_dy*sin
        (orientation[i][j]))*(dphi_dx*dphi_dx+dphi_dy*dphi_dy)
        -(pow(dphi_dx,4)+pow(dphi_dy,4))*(dphi_dx*cos
        (orientation[i][j])+dphi_dy*sin(orientation[i][j])))
        /(pow(MAG2,3));
As_phi_y=16*W0*Anisotropy*((dphi_dx*dphi_dx*dphi_dx*sin
        (orientation[i][j])+dphi_dy*dphi_dy*dphi_dy*cos
        (orientation[i][j]))*(dphi_dx*dphi_dx+dphi_dy*dphi_dy)
        -(pow(dphi_dx,4)+pow(dphi_dy,4))*(dphi_dx*sin
        (orientation[i][j])+dphi_dy*cos(orientation[i][j])))
        /(pow(MAG2,3));
J=W0*(As_phi_x+As_phi_y)/grid_size/grid_size;
```

其中：W0 为固液界面厚度。

通过上述离散，最终相场迭代方程表示为

$$\phi^{n+1}(i,j) = \phi^n(i,j) + \frac{\Delta t}{\tau_0 a_s(\boldsymbol{n})^2[1 - (1-k)u]}[J - f'(\phi) - \lambda g'(\phi)(u + u')] \tag{2.96}$$

因此，相场离散计算的迭代代码如下：

```
//其他项求解,相场迭代
tau=tau0*(1.0-(1.0-k1)*u_old[i][j])*Atheta*Atheta;
phi_Term1=-(-phi_old[i][j]+pow(phi_old[i][j],3));
phi_Term2=-lambda*pow(1.0-phi_old[i][j]*phi_old[i][j],2)
        *(u_old[i][j]+u[i][j]);
```

```
phi[i][j]=phi_old[i][j]+dt/tau*(J+phi_Term1+phi_Term2);
```

其中：tau0 为表征固液界面原子运动时间的常量；lambda 为与热力学驱动力有关的耦合系数；u 为无量纲浓度。

2.5.2　溶质场离散

与相场控制方程相比，溶质场控制方程更为复杂，本书采用有限体积法对其进行离散[19]。如图 2.15 所示，虚线框内阴影区域为节点 P 的控制体积。

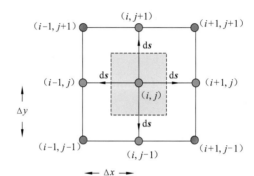

图 2.15　均匀矩形网格中的节点及其控制体积示意图

为了方便表述，将溶质场控制方程表示为

$$\frac{1}{2}[1+k-(1-k)\phi]\partial_t u = \nabla \cdot J + \frac{1}{2}[1+(1-k)u]\partial_t \phi \qquad (2.97)$$

$$J = D_1 q(\phi)\nabla u - \frac{1}{2\sqrt{2}}\left(1-k\frac{D_s}{D_1}\right)W_0[1+(1-k)u]\frac{\partial \phi}{\partial t}\frac{\nabla \phi}{|\nabla \phi|} \qquad (2.98)$$

式中：k 为溶质平衡分配系数；D_1、D_s 分别为溶质在液相、固相中的扩散系数；u 为无量纲浓度。

采用一阶欧拉（Euler）格式离散时间，溶质控制方程可离散为

$$u_{i,j}^{n+1} = u_{i,j}^n + \mathrm{d}t\,/\,\mathrm{Term1}*\frac{(J_R^n - J_L^n + J_T^n - J_B^n)}{\Delta x} + \mathrm{d}t*\mathrm{Term2}/\mathrm{Term1} \qquad (2.99)$$

$$\mathrm{Term1} = \frac{1}{2}[1+k-(1-k)\phi] \qquad (2.100)$$

$$\mathrm{Term2} = \frac{1}{2}[1+(1-k)u]\partial_t \phi \qquad (2.101)$$

式中：$J_R^n = \boldsymbol{J}^n \cdot \boldsymbol{i}_R$ 为图 2.6 中控制体积的右通量；$\boldsymbol{i}_R$ 为控制体积右侧壁的单位法向量；J_L^n、J_T^n、J_B^n 分别为控制体积的左侧、上侧、下侧通量。Term1、Term2 的代码如下：

```
//公式(2.100)计算
C1_Term1=1.0/2.0*(1.0+k1-(1.0-k1)*phi_old[i][j]);
//公式(2.101)计算
```

```
C1_Term2=1.0/2.0*(1.0+(1.0-k1)*u_old[i][j])*dphi_dt[i][j];
```

下面以右溶质通量 J_{R}^n 的计算为例。欲计算 J_{R}^n，需要得到节点 (i,j) 右侧界面点 $\left(i+\dfrac{1}{2},j\right)$ 处的物理量信息，可通过插值计算，即

$$\phi_{i+\frac{1}{2},j} = \frac{\phi_{i,j}+\phi_{i+1,j}}{2} \tag{2.102}$$

$$q(\phi)\Big|_{i+\frac{1}{2},j} = \frac{\left[kD_{\mathrm{s}}+D_{\mathrm{l}}+(kD_{\mathrm{s}}-D_{\mathrm{l}})\phi_{i+\frac{1}{2},j}\right]}{2D_{\mathrm{l}}} \tag{2.103}$$

$$\nabla u\Big|_{i+\frac{1}{2},j} = \frac{\partial u}{\partial x}\Big|_{i+\frac{1}{2},j} = \frac{u_{i+1,j}-u_{i,j}}{\Delta x} \tag{2.104}$$

$$\begin{aligned}M\Big|_{i+\frac{1}{2},j} &= \frac{1}{2\sqrt{2}}\left(1-k\frac{D_{\mathrm{s}}}{D_{\mathrm{l}}}\right)W_0[1+(1-k)u]\frac{\partial \phi}{\partial t}\Big|_{i+\frac{1}{2},j}\\ &= \frac{1}{2\sqrt{2}}\left(1-k\frac{D_{\mathrm{s}}}{D_{\mathrm{l}}}\right)W_0\left[1+(1-k)\frac{u_{i+1,j}+u_{i,j}}{2}\right]\left[\frac{\partial_t \psi|_{i+1,j}+\partial_t \psi|_{i,j}}{2}\right]\end{aligned} \tag{2.105}$$

$$\frac{\nabla \phi}{|\nabla \phi|}\Big|_{i+\frac{1}{2},j} = \frac{\phi_{i+1,j}-\phi_{i,j}}{\left[(\phi_{i+1,j}-\phi_{i,j})^2+\left(\phi_{i+\frac{1}{2},j+\frac{1}{2}}-\phi_{i+\frac{1}{2},j-\frac{1}{2}}\right)^2\right]^{1/2}} \tag{2.106}$$

于是

$$J_{\mathrm{R}}^n = D_{\mathrm{l}}q(\phi)\Big|_{i+\frac{1}{2},j}\nabla u\Big|_{i+\frac{1}{2},j} + M\Big|_{i+\frac{1}{2},j}\frac{\nabla \phi}{\nabla \phi}\Big|_{i+\frac{1}{2},j} \tag{2.107}$$

等号右边第一项的计算代码如下：

```
//右通量第一项计算
C1_JuR=0.5*(k1*DS1+DL1+(k1*DS1-DL1)*(phi_old[i][j]
        +phi_old[i+1][j])/2.0)*(u_old[i+1][j]-u_old[i][j]);
```

等号右边第二项的计算代码如下：

```
//右通量第二项计算
C1_JatR=1.0/2.0/sqrt(2.0)*(1.0-k1*DS1/DL1)*W0*(1.0+(1.0-k1)
        *(u_old[i][j]+u_old[i+1][j])/2.0)*(dphi_dt[i][j]
        +dphi_dt[i+1][j])/2.0*dphi_dx/sqrt(MAG2);
```

因此，根据公式（2.101），溶质场迭代方程最终代码如下：

```
//溶质场迭代
u[i][j]=u_old[i][j]+dt/grid_size/grid_size/(C1_Term1)*(C1_JuRC
        -1_JuL+C1_JuT-C1_JuB)+1.0/grid_size/C1_Term1*(C1_JatR
        -C1_JatL+C1_JatT-C1_JatB)+1.0/C1_Term1*C1_Term2;
```

本章参考文献

[1] AI Y W, JIANG P, WANG C M, et al. Experimental and numerical analysis of molten pool and keyhole profile during high-power deep-penetration laser welding[J]. International Journal of Heat and Mass Transfer, 2018, 126(Part A): 779-789.

[2] GAO X S, WU C S, GOECKE S-F. Numerical analysis of heat transfer and fluid flow characteristics and their influence on bead defects formation in oscillating laser-GMA hybrid welding of lap joints[J]. The International Journal of Advanced Manufacturing Technology, 2018, 98(1-4): 523-537.

[3] CHO J H, NA S-J. Implementation of real-time multiple reflection and Fresnel absorption of laser beam in keyhole[J]. Journal of Physics D: Applied Physics, 2006, 39(24): 5372-5378.

[4] 庞盛永. 激光深熔焊接瞬态小孔和运动熔池行为及相关机理研究[D]. 武汉: 华中科技大学, 2011.

[5] SOHAIL M, HAN S-W, NA S-J, et al. Numerical investigation of energy input characteristics for high-power fiber laser welding at different positions[J]. The International Journal of Advanced Manufacturing Technology, 2015, 80(5-8): 931-946.

[6] GAO X S, WU C S, GOECKE S F, et al. Numerical simulation of temperature field, fluid flow and weld bead formation in oscillating single mode laser-GMA hybrid welding[J]. Journal of Materials Processing Technology, 2017, 242: 147-159.

[7] BACHMANN M, AVILOV V, GUMENYUK A, et al. About the influence of a steady magnetic field on weld pool dynamics in partial penetration high power laser beam welding of thick aluminium parts[J]. International Journal of Heat and Mass Transfer, 2013, 60: 309-321.

[8] LIN R Q, WANG H P, LU F G, et al. Numerical study of keyhole dynamics and keyhole-induced porosity formation in remote laser welding of Al alloys[J]. International Journal of Heat and Mass Transfer, 2017, 108: 244-256.

[9] LAFAURIE B, NARDONE C, SCARDOVELLI R, et al. Modelling merging and fragmentation in multiphase flows with SURFER[J]. Journal of Computational Physics, 1994, 113(1): 134-147.

[10] SEMAK V, MATSUNAWA A. The role of recoil pressure in energy balance during laser materials processing[J]. Journal of physics D: Applied physics, 1997, 30(18): 2541-2552.

[11] 张翔. 基于 FLUENT 的双丝焊焊接熔池热场及流场数值模拟研究[D]. 太原: 太原科技大学, 2014.

[12] 王福军. 计算流体动力学分析: CFD 软件原理与应用[M]. 北京: 清华大学出版社, 2004: 210-227.

[13] 艾岳巍. 高功率激光高速焊接驼峰缺陷形成机理分析[D]. 武汉: 华中科技大学, 2018.

[14] 胡汉起. 金属凝固原理[M]. 北京: 机械工业出版社, 2000: 135-148.

[15] KOU S. Welding metallurgy[M]. 2nd ed. Hoboken: John Wiley & SonsInc. , 2003: 431-446.

[16] KOU S, LE Y. Nucleation mechanisms and grain refining of weld metal[J]. Welding Journal, 1986, 65(12): 65-70.

[17] THÉVOZ P, DESBIOLLES J L, RAPPAZ M. Modeling of equiaxed microstructure formation in casting[J]. Metallurgical Transactions A, 1989, 20(2): 311-322.

[18] 龙文元. 铝合金凝固过程枝晶生长的相场法数值模拟[D]. 武汉: 华中科技大学, 2004.

[19] PROVATAS N, ELDER K. Phase-field methods in materials science and engineering[M]. Hoboken: John Wiley & SonsInc. , 2011: 263-276.

[20] KARMA A. Phase-field formulation for quantitative modeling of alloy solidification[J]. Physical Review Letters, 2001, 87(11): 115701.

[21] TAKAKI T, OHNO M, SHIMOKAWABE T, et al. Two-dimensional phase-field simulations of dendrite competitive growth during the directional solidification of a binary alloy bicrystal[J]. Acta Materialia, 2014, 81: 272-283.

[22] KARMA A. Fluctuations in solidification[J]. Physical Review E, Statistical Physics, Plasmas, Fluids, and Related Interdisciplinary Topics, 1993, 48(5): 3441-3458.

[23] OHNO M. Quantitative phase-field modeling of nonisothermal solidification in dilute multicomponent alloys with arbitrary diffusivities[J]. Physical Review E, Statistical, Nonlinear, and Soft Matter Physics, 2012, 86(5): 051603.

[24] TOURRET D, KARMA A. Growth competition of columnar dendritic grains: A phase-field study[J]. Acta Materialia, 2015, 82(1): 64-83.

[25] LIU D H, WANG Y. Mesoscale multi-physics simulation of rapid solidification of Ti-6Al-4V alloy[J]. Additive Manufacturing, 2019, 25: 551-562.

[26] BECKERMANN C, DIEPERS H-J, STEINBACH I, et al. Modeling melt convection in phase-field simulations of solidification[J]. Journal of Computational Physics, 1999, 154(2): 468-496.

[27] STEINBACH I. Pattern formation in constrained dendritic growth with solutal buoyancy[J]. Acta Materialia, 2009, 57(9): 2640-2645.

[28] VREEMAN C J, INCROPERA F P. The effect of free-floating dendrites and convection on macrosegregation in direct chill cast aluminum alloys, PartII: Predictions for Al-Cu and Al-Mg alloys[J]. International Journal of Heat and Mass Transfer, 2000, 43(5): 687-704.

[29] SHINJI, SAKANE, TOMOHIRO, et al. Acceleration of phase-field lattice Boltzmann simulation of dendrite growth with thermosolutal convection by the multi-GPUs parallel computation with multiple mesh and time step method[J]. Modelling and Simulation in Materials Science and Engineering, 2019, 27(5): 054004.

[30] 孙东科. 格子 Boltzmann 方法模拟合金对流枝晶的成长[D]. 南京: 东南大学, 2010.

[31] MEDVEDEV D, KASSNER K, et al. Lattice Boltzmann scheme for crystal growth in external flows[J]. Physical Review E, Statistical, Nonlinear, and Soft Matter Physics, 2005, 72(5): 056703.

[32] MOHAMAD A A. Lattice boltzmann method: Fundamentals and engineering applications with computer code[M]. Berlin: Springer, 2017: 133-144.

[33] MEDVEDEV D, VARNIK F, STEINBACH I. Simulating mobile dendrites in a flow[J]. Procedia Computer Science, 2013, 18: 2512-2520.

[34] GUO Z L, ZHENG C G, SHI B C. Discrete lattice effects on forcing terms in the lattice Boltzmann method[J]. Physical Review E, Statistical, Nonlinear, and Soft Matter Physics, 2002, 65(4): 046308.

[35] XING H, ZHANG L M, SONG K K, et al. Effect of interface anisotropy on growth direction of tilted dendritic arrays in directional solidification of alloys: Insights from phase-field simulations[J]. International Journal of Heat and Mass Transfer, 2017, 104: 607-614.

[36] 李红辉, 刘冬冬, 杨芳南. CPU+GPU 异构并行计算技术研究[J]. 信息系统工程, 2018(5): 39-40.

[37] 谷克宏, 黄岷, 何江银. 基于多核集群的 MPI+OpenMP 混合并行编程模型研究[J]. 甘肃科技, 2018, 34(19): 10-13, 33.

第 3 章

激光焊接宏观传热流动行为与凝固参数分布

　　为理解焊缝凝固微观组织演化的规律，并向后续的微观形核-生长相场模型提供输入，本章将展开对铝合金薄板激光焊接中传热流动行为和凝固参数分布规律的研究。

　　本章将首先介绍铝合金薄板激光焊接实验材料及平台，并通过实验结果验证本书所建立的焊接宏观传热与流动耦合模型的有效性；然后基于宏观传热与流动耦合模型，分析焊接过程中的熔池传热与流动行为，研究焊接工艺参数对熔池传热与流动行为的影响规律；最后根据熔池传热与流动行为计算结果，分析熔池凝固前沿温度梯度和凝固速度等凝固参数的分布规律以及焊接工艺参数对其的影响作用。

3.1 激光焊接实验材料、设备及方法

本章选用厚度为 1 mm 的商用 5083 铝合金板材作为实验材料,其热处理状态为热轧态,抗拉强度不小于 270 MPa。5083 铝合金具有比强度高、韧性好、耐腐蚀性优良等优点,在汽车、船舶、轨道交通、建筑等领域应用广泛[1]。5083 铝合金的化学成分见表 3.1。为了实验方便,将焊接试板的尺寸加工为 200 mm×100 mm×1 mm。实验前,将试板表面的氧化膜用砂纸打磨去除,并用丙酮清洗试件表面油污等杂质。整个焊接过程采用平板堆焊的方式进行,如图 3.1 所示。

表 3.1 5083 铝合金的化学成分

数据	元素								
	Si	Cu	Mg	Zn	Mn	Ti	Cr	Fe	Al
质量分数/%	0.20	0.08	4.5	0.18	0.50	0.10	0.10	0.08	Bal.

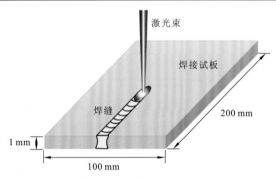

图 3.1 铝合金薄板激光焊接过程示意图

实验采用的激光器为美国 IPG Photonics 公司生产的 YLR-4000 光纤激光器,其主要性能参数为:最高输出功率为 4 000 W,输出模式为连续激光,激光波长为 1 070 nm。激光焊接头采用 Precitec 公司开发的用于光纤激光加工的 YW50 焊接头。激光器发出的激光通过光纤传输到激光焊接头,经激光焊接头聚焦,焦点光斑直径为 0.4 mm,透镜焦距为 250 mm,激光束能量分布近似高斯函数分布。焊接过程中,采用气流量为 20 L/min 的纯氩气对焊缝区域进行保护。

实验采用机器人系统作为焊接过程的运动执行机构。本章采用 ABB IRB4400 六轴机器人,其额定负载为 60 kg,重复定位精度可达±0.07 mm。整个机器人系统由控制柜和机械手臂两部分组成:控制柜可安装板卡实现与激光器的通信,机械手臂可搭载激光焊接头完成焊接工作。通过编程控制机器人的运动路径和速度,可实现焊接工艺参数的控制。

为研究激光焊接熔池的动态行为,采用高速摄像系统对焊接过程进行实时观察。高速摄像系统包括高速摄像机、保护镜片、窄带滤光片、辅助光源、计算机。高速摄像机型号为 Phantom v611,摄像频率设为 2 000 f/s(帧每秒)。为避免焊接飞溅损伤镜头,在镜头前安装保护镜片。为防止高亮等离子体影响拍摄效果,采用波长为 808 nm 的半导体激光光源作为辅助光源照亮焊缝区域,并在高速摄像机镜头前安装配套的窄带滤光

片。铝合金薄板激光焊接整体实验平台如图 3.2 所示。

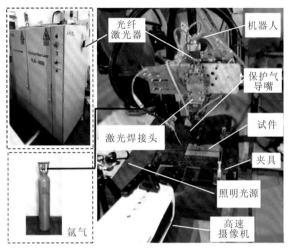

图 3.2　铝合金薄板激光焊接整体实验平台

激光焊接实验完成后，利用电火花线切割机将试板切割成 10 mm×10 mm×1 mm 的金相试样。金相试样经过砂纸逐级打磨、机械抛光到无划痕的镜面状态，并用 Keller 试剂（2.5 mL HNO$_3$+1.5 mL HCl+1.0 mL HF+95 mL H$_2$O）腐蚀。焊缝横截面形貌采用体式显微镜观察，并测量其特征尺寸。焊缝凝固微观组织采用 SEM 观察。焊缝组织中晶粒的尺寸及取向分布采用 EBSD 分析。对于 EBSD 试样，将在常规金相试样的基础上进一步电解抛光。电解抛光液为 10%高氯酸酒精溶液，抛光电压为 20 V，时间为 15 s。

3.2　激光焊接宏观传热流动模型验证

为保证激光焊接宏观传热与流动耦合模型的有效性，本章将对模型进行一系列的实验验证。验证性实验所采用的焊接工艺参数见表 3.2。上述焊接工艺参数是在多次焊接尝试后所选取的焊缝宏观成形较好的工艺参数。需要注意的是，本章在选取不同的激光焊接工艺参数时，激光功率和焊接速度也在相应地变动，而不是单纯地固定激光功率改变焊接速度或固定焊接速度改变激光功率。这是因为随着激光功率的改变，焊接速度必须相应地改变，才能获得较好的焊缝成形。计算过程中所采用的材料热物性参数主要参考已公开发表的文献，见表 3.3[2-3]。激光热源模型参数见表 3.4。

表 3.2　验证性实验所采用的激光焊接工艺参数

序号	焊接功率（P_L）/W	焊接速度（V）/（mm/s）	离焦量
Case I	2 500	80	0
Case II	3 000	120	0
Case III	3 500	180	0

表 3.3　模拟中使用的 5083 铝合金的热物性参数[2-3]

参数	值	单位
液相密度（D_l）	2 380	kg/m³
固相密度（D_s）	2 660	kg/m³
动力黏度（μ）	1.2×10^{-3}	kg/(m·s)
液相比热容（$c_{p,l}$）	1 198	J/(kg·K)
固相比热容（$c_{p,s}$）	1 150	J/(kg·K)
熔化潜热（L_f）	3.87×10^5	J/kg
液相导热系数（λ_l）	90	W/(m·K)
固相导热系数（λ_s）	120	W/(m·K)
液相线温度（T_l）	911	K
固相线温度（T_s）	864	K
对流换热系数（h_{conv}）	20	W/(m²·K)
热辐射率（ε）	0.3	—
液相线温度时的表面张力（γ_0）	0.871	N/m
表面张力梯度（$d\gamma/dT$）	-0.155×10^{-3}	N/(m·K)

表 3.4　激光热源模型参数[3-4]

参数	值	单位
激光吸收率（η_l）	0.60	—
上表面有效半径（r_e）	0.25	mm
下表面有效半径（r_i）	0.125	mm
比例因子（χ）	1.4	—

在验证模型有效性之前，有必要讨论模型对选取的网格尺寸和时间步长的依赖性。如果网格尺寸或时间步长太大，会导致模型不收敛，计算结果依赖所选取网格尺寸和时间步长，使得模拟结果失真；如果网格尺寸或时间步长太小，会导致计算量和模拟耗时大大增加。所以，进行模拟之前，需要选取合适的网格尺寸和时间步长。接下来以第一组焊接工艺参数（激光功率 $P_L = 2\,500$ W，焊接速度 $V = 80$ mm/s）为例进行讨论。为了验证模拟结果是不受网格尺寸影响的，分别进行两组模拟，其时间步长固定为 2×10^{-5} s，网格尺寸分别设为 0.05 mm 和 0.025 mm。图 3.3 展示了在两种网格尺寸下，距焊缝中心线 0.5 mm 处某点温度随时间变化的曲线。可以看出，两条温度变化曲线基本重叠，说明将网格尺寸从 0.05 mm 减小到 0.025 mm 时，模拟结果基本不受影响。另外，利用相似的方法可证明，模拟结果对选取的时间步长是没有依赖性的。将网格尺寸固定为 0.05 mm，时间步长分别设为 2×10^{-5} s 和 1×10^{-5} s，进行两组模拟，结果如图 3.3 所示。可以看到，两条温度变化曲线基本一致，说明模拟结果是不受选取的时间步长影响的。在下面出现的所有宏观传热与流动耦合模拟中，网格尺寸均设为 0.05 mm，时间步长均设为 2×10^{-5} s。

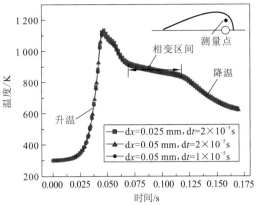

图 3.3 不同网格尺寸和时间步长下距焊缝中心线

0.5 mm 处某点温度随时间变化的曲线

数值模型的验证主要从两方面展开，即焊缝横截面形貌和熔池上表面轮廓。焊缝横截面形貌对比是验证模型有效性常用的方法[5]。图 3.4（a）为焊缝横截面实验结果与模拟结果对比图。图中：白色虚线为实验焊缝横截面形貌，红色虚线为模拟的焊缝横截面形貌。图 3.4（b）为三个试样焊缝横截面不同部位（上部、中部、下部）焊缝宽度对比图。从图 3.4 对比可知，模拟结果与实验结果吻合较好，说明激光焊接宏观传热与流动耦合数值模型的有效性。另外，焊接过程中的熔池上表面轮廓对比如图 3.5 所示。图 3.5（a）中：左侧图像为高速摄像拍摄的三组实验的熔池上表面轮廓，由白色点线标出。由于熔池与周围母材的对比度较低，不易直接从静态图片中获得熔池轮廓。实际上，熔池轮廓可以从高速摄像视频中的熔体波动清楚看到。通过两个连续的图像帧，可以区分熔池边界的动态变化，准确识别出熔池表面轮廓。熔池轮廓尺寸可以参照图片右上角的标尺。需要说明的是，由于高速相机拍摄角度的原因，图像中沿焊接方向与垂直于焊接方向的实际长度不同，需根据标尺具体分析。图 3.5（b）为熔池上表面轮廓长度实验与模拟对比图。

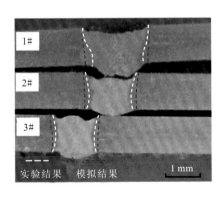

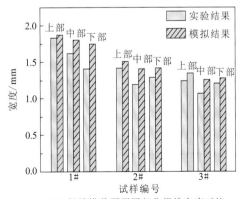

（a）焊缝横截面形貌实验与模拟对比 　　（b）焊缝横截面不同部位焊缝宽度对比

图 3.4 焊缝横截面形貌对比

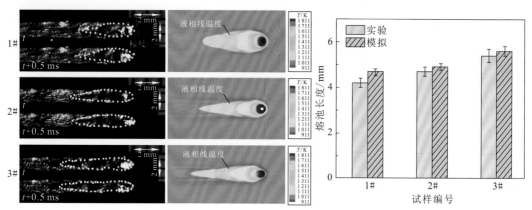

（a）熔池上表面轮廓实验与模拟对比　　　　　（b）熔池上表面长度实验与模拟对比

图 3.5　焊接过程中的熔池上表面轮廓对比

从图中可以看到，从 Case I 试样到 Case II 试样和 Case III 试样，实验中熔池的长度从 4.2 mm 拉长到 4.7 mm 和 5.4 mm，而模拟中熔池的长度从 4.7 mm 增加到 4.9 mm 和 5.6 mm，模拟结果与实验结果具有较高的吻合度。因此，综合焊缝横截面形貌和熔池上表面轮廓两个方面的对比结果，可以认为激光焊接宏观传热与流动耦合数值模型是有效的。另外，需要清楚地认识到，激光焊接过程涉及非常复杂的物理现象，想要通过模拟获得与实验完全一致的结果几乎是不可能。

3.3　铝合金薄板激光焊接传热流动行为分析

3.3.1　熔池流动行为分析

本节将以第一组激光焊接实验（激光功率为 2 500 W，焊接速度为 80 mm/s）为例，分析铝合金薄板激光焊接熔池的传热与流动行为。图 3.6（a）为模拟得到的三维温度场和速度场结果。从图中可以看到，由于高能量密度激光束的作用，形成了一个贯穿试板的小孔。同时，由于激光束的快速移动，熔池沿着激光束运动方向的反方向被拉长。图中位于液相线温度（911 K）与固相线（864 K）之间的区域为糊状区，即液固两相区，其形状和尺寸对熔池凝固参数有着重要影响。图中箭头标识了熔池中熔融金属的速度场，其大小可以通过对比图中参考向量的长度得出。图 3.6（c）和（d）分别为三维温度场和速度场的顶视图和底视图。从图中可以看到，熔池轮廓呈现典型的泪滴状，这与熔池凝固过程中液固相变时释放的潜热有关[6]。当焊接速度较高时，熔池的凝固速度较快；当焊缝中心位置由于凝固释放的潜热大于热量耗散（包括热传导、对流、辐射等）时，熔池有被拉长的趋势，从而呈现泪滴状[7]。

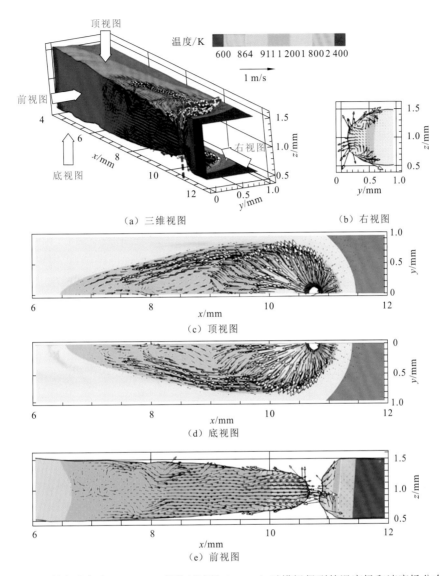

图 3.6　激光功率为 2 500 W，焊接速度为 80 mm/s 时模拟得到的温度场和速度场分布

　　另外，从图中还可以看到，小孔界面附近的熔融金属温度达到或接近材料沸点温度（2 698 K），而熔池边界处的熔体温度维持在液相线温度（911 K）。上述温度的差异导致熔池表面存在较大的温度梯度。注意到，在一定范围内熔融金属的表面张力随着温度的降低而增加，其关系满足 $\partial\gamma/\partial T<0$。因此，熔池表面不同空间位置的表面张力存在较大差别，这将导致马兰戈尼效应的发生。如图 3.6（c）和（d）所示，由于马兰戈尼效应，小孔附近的熔融金属呈放射状地从小孔向熔池边界流动。

　　图 3.7 为温度沿焊缝中心线的分布曲线。从图中可以看到，温度梯度在小孔附近非常陡峭，而当远离小孔时温度梯度之间变得比较平缓。一般情况下，熔体表面温度梯度越大，马兰戈尼效应越明显。因此，从图 3.6（c）和（d）中可以看到，马兰戈尼对流在

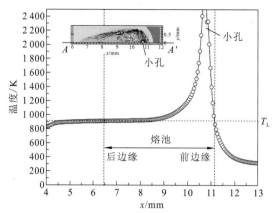

图 3.7 激光功率为 2 500 W，焊接速度为 80 mm/s 时温度沿焊缝中心线的分布曲线

温度梯度较大的小孔附近区域非常明显，而在远离小孔的温度梯度较低的熔池尾部区域，马兰戈尼对流则不太显著。另外可以发现，熔池后方的熔融金属沿着熔池边界从熔池前部流向熔池尾部，而在焊缝中心线附近，从熔池尾部向熔池前部回流，形成了一个比较明显的涡流。Chang 等[8]在进行 3 mm 厚钛合金激光全熔透焊接模拟时，得到了与上述相似的熔池流动特点。

3.3.2 熔池传热行为分析

图 3.8 为计算得到的焊接过程中熔池的热流分布情况。热流方向与温度梯度方向相反，其计算公式为[9]

$$\boldsymbol{F} = -\nabla T = -\left(\frac{\partial T}{\partial x}\boldsymbol{i} + \frac{\partial T}{\partial y}\boldsymbol{j} + \frac{\partial T}{\partial z}\boldsymbol{k}\right) \tag{3.1}$$

式中：T 为温度；$\boldsymbol{i}$、$\boldsymbol{j}$、$\boldsymbol{k}$ 分别为焊接方向 x、宽度方向 y、厚度方向 z 的单位矢量。由于热流的大小随位置变化很大，为了使图中箭头长度比较协调，热流的大小取为 $\log|\boldsymbol{F}|$。从图中可以看到，热流方向几乎平行于水平方向，没有明显的沿着厚度方向的热流。这主要是因为在铝合金板厚度较薄的情况下（本章为 1 mm），焊接过程中温度场在厚度

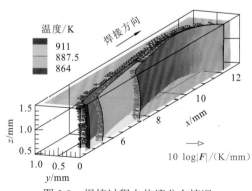

图 3.8 焊接过程中热流分布情况

方向分布几乎一致，基本不存在沿厚度方向的热流。由此可知，本章中铝合金薄板激光焊接过程中的三维导热可以近似为水平截面上的二维导热，这是后面章节中三维凝固过程可以简化为二维凝固过程从而进行微观组织模拟的基础。

铝合金激光焊接过程中，熔池的传热方式主要包括两种，即热对流和热扩散。二者在熔池传热中的相对重要性可以用无量纲的佩克莱（Peclet）数来表征。佩克莱数表示为热对流速度与热扩散速度之比，即[10]

$$P_e = \frac{\text{heat}_{\text{convection}}}{\text{heat}_{\text{conduction}}} = \frac{u\rho c_p L_R}{\lambda} \tag{3.2}$$

式中：u 为流体流动特征速度；ρ 为流体密度；c_p 为流体比热容；L_R 为系统特征长度；λ 为热扩散速度。Peclet 数越大，表明热对流对熔池传热的贡献率越大。也就是说，当 Peclet 数较大时，熔池中的热对流占主导地位，而热扩散影响较小；反而反之。值得一提的是，即使在同一个熔池中，不同位置的局部 Peclet 数也可能有明显区别。例如：由于熔融金属的流速较快，熔池表面具有较高的 Peclet 数；而在熔池内部，特别是糊状区和接近糊状区的区域，熔融金属流速较慢，因此 Peclet 数也相对较小。另外，即使在热扩散为主要传热方式的体系中，由于熔池表面区域的熔体流速较大，其局部 Peclet 数仍可能很大。

接下来，基于数值模拟结果估算铝合金薄板激光焊接过程中熔池的 Peclet 数。根据图 3.6 可以认为熔池中熔融金属的典型流速为 100 mm/s，熔池特征长度为 0.8 mm（熔池的半宽）。同时，参考表 3.3 中材料的热物性参数，最终估算得到的 Peclet 数为 1.9，该数值与文献[5]中 5754 铝合金激光部分熔透焊接计算得到的 Peclet 数（约为 2.0）相吻合。较低的 Peclet 数表明，本章铝合金薄板激光焊接过程中熔池的主要传热方式为热扩散，而不是热对流。实际上，从图 3.6 中熔池的温度云图和流体流动趋势可以直观地理解这一现象。由于热扩散为主导的传质方式，熔池的等温轮廓线并不是严格地服从熔融金属的流动趋势，这与激光焊接不锈钢和钛合金的模拟结果（热对流为主要传热方式）有着明显区别[5, 10]。

综上，本节以焊接工艺参数 $P_L = 2500$ W 和 $V = 80$ mm/s 为例，分析了铝合金薄板激光焊接熔池的传热与流动行为。研究发现：①马兰戈尼效应对熔池流动影响显著，由于温度梯度大，在小孔附近存在较为剧烈的马兰戈尼对流，熔体流速较高，而远离小孔区域温度梯度较低，马兰戈尼对流不太显著，熔体流速较缓；②Peclet 数估算为 1.9，表明铝合金薄板激光焊接过程中熔池的主要传热方式为热扩散，而不是热对流；③对铝合金薄板激光焊接过程中三维热流分布进行分析，发现基本不存在沿厚度方向的热流，三维导热可以近似为水平截面上的二维导热。

3.4 焊接工艺参数对熔池传热流动行为的影响

上节讨论了激光焊接工艺参数为 $P_L = 2500$ W 和 $V = 80$ mm/s 时熔池的传热与流动行为，本节将以 3.3 节为基础，研究焊接工艺参数对熔池传热与流动行为的影响规律。在激光焊接所有的工艺参数中，激光功率 P_L 和焊接速度 V 是两个对焊缝成形影响最大且最容易控制的工艺参数。因此，本节将主要讨论激光功率和焊接速度对熔池传热与流动行为的影响。

如表 3.2 所示，本节分析三组焊接工艺参数下熔池的传热与流动行为。在焊接数值模拟中，激光功率分别从 2 500 W 增加到 3 000 W 和 3 500 W；相应地，焊接速度分别从 80 mm/s 增加到 120 mm/s 和 180 mm/s。如前面所述，本章在设置不同的激光焊接工艺参数时，激光功率和焊接速度同时在相应地变动。三组模拟按照顺序分别记为 Case I、Case II、Case III。图 3.9（a）、（b）、（c）分别为三组焊接工艺参数下模拟得到的三维温度场和速度场。从图 3.9 中可以看到，在小孔附近的熔池区域，三组激光焊接工艺参数下模拟得到的熔体流动趋势和速度大小没有明显区别，小孔附近的熔融金属均呈放射状地从小孔向熔池边界流动。从 Case I 到 Case III，模拟得到的焊缝宽度明显减小，这与实验结果是相吻合的。焊缝宽度的减小可以从焊接线能量（net heat input）的角度解释。焊接线能量定义为单位长度焊缝上输入的热量，即

$$Q_{net} = \frac{\eta_1 P_L}{V} \tag{3.3}$$

式中：η_1 为激光吸收率；P_L 为激光功率；V 为焊接速度。从 Case I 到 Case II 和 Case III，计算得到的焊接线能量从 21.88 J/mm 降低到 17.5 J/mm 和 13.61 J/mm。较小的线能量会导致焊接熔宽较窄。

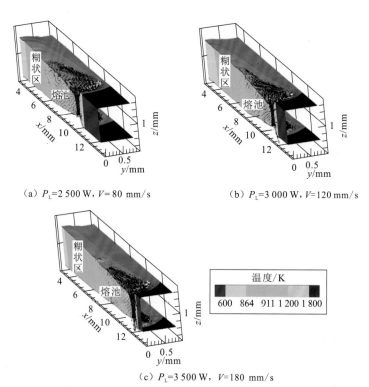

（a）P_L=2 500 W，V= 80 mm/s

（b）P_L=3 000 W，V=120 mm/s

（c）P_L=3 500 W，V=180 mm/s

图 3.9 不同激光焊接工艺参数下模拟得到的三维温度场和速度场

另外，从图 3.9 中还可以看到，焊接熔池和糊状区的长度从 Case I 到 Case III 逐渐变得细长，这一变化趋势与 Aalderink 等[11]的计算结果相吻合。Aalderink 等[11]基于一个二维有限元多物理模型研究了 AA5182 铝合金薄板激光焊接中工艺参数对熔池形状和尺寸的影响。注意，糊状区是指位于液相线温度与固相线温度之间的液固两相区域。随着焊接工艺参数的变化，熔池和糊状区的形状和尺寸主要受两个相反因素的影响：一方面，熔池和糊状区的长度随着焊接速度的增高而被拉长；另一方面，焊接速度的增高导致焊接线能量减小，从而导致熔池和糊状区的尺寸减小。两个因素中哪个因素会占主导地位取决于热导率、比热容等材料热物性参数以及焊接速度、激光功率等焊接工艺参数。对于热导率较高的材料而言，当焊接速度小于某一临界值时，第一个因素会起到主导性作用[5]。因此，当铝合金具有较高的热导率时，从 Case I 到 Case III，焊接熔池和糊状区的长度随着焊接速度的增高而逐渐被拉长。熔池和糊状区的形貌对熔池凝固前沿的凝固参数及微观组织演化有重要影响，这将在下一节详细讨论。

综上，本节主要讨论了激光功率和焊接速度对熔池传热与流动行为的影响，发现不同焊接工艺参数下熔池的传热与流动行为差异不显著，但焊接工艺参数对熔池和糊状区的形状和尺寸有重要影响，高激光功率匹配高焊接速度焊接时，焊接熔池和糊状区逐渐变得窄而长。

3.5　熔池凝固参数分布及其对微观组织的影响

3.5.1　熔池凝固参数分布规律

熔池凝固前沿固液界面处的温度梯度 G 和生长速度 R 是影响凝固组织的两个重要参数[12]。如上节所述，G 和 R 与熔池和糊状区的形貌有直接关系。需要说明的是，G 定义为凝固界面法向的温度梯度，R 定义为凝固界面法向的生长速度，G 和 R 可分别表示为

$$G = \nabla T \cdot \boldsymbol{n} \tag{3.4}$$
$$R = V \times \boldsymbol{i} \times \boldsymbol{n} \tag{3.5}$$

式中：$\boldsymbol{n}$ 为固液界面的单位法向量；$\boldsymbol{i}$ 为焊接速度方向的单位向量。凝固组织的形貌和尺寸由 G 和 R 的组合形式决定。G 和 R 的乘积 GR（冷却速度）决定了凝固组织的尺寸，而 G 和 R 的商 G/R（形貌影响因子）与凝固组织的形貌直接相关。G 和 R 对凝固微观组织形貌和尺寸的影响如图 3.10 所示[12]。

基于 3.4 节模拟得到的准稳态温度场，可以获取熔池凝固界面处的 G 和 R。图 3.11 为焊接工艺参数为 $P_L=2\,500$ W 和 $V=80$ mm/s 时半板厚水平截面上凝界面处 G 和 R 随熔池宽度的变化曲线。由前面讨论可知，本章中铝合金薄板激光焊接的传热过程可以近似为二维导热过程，凝固参数与凝固微观组织沿厚度方向可以看成是相同的，即半板厚水平截面上 G 和 R 的分布可以代表其在整个板厚上的分布。另外，实际上凝固过程发生在介于液相线温度 T_l 与固相线温度 T_s 的温度区间内，并不是发生在某个特定的温度，

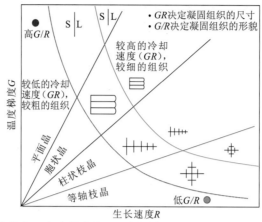

图 3.10 温度梯度 G 和生长速度 R 对凝固微观组织形貌和尺寸的影响规律[12]

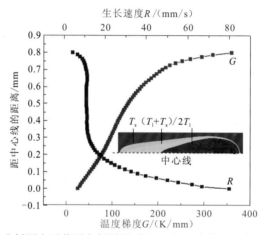

图 3.11 半板厚水平截面上凝固界面处 G 和 R 随熔池宽度的变化曲线

因此需要对凝固界面温度进行近似。这里将凝固界面温度近似为$(T_s + T_l)/2$。结合图 3.11 可知：当凝固界面法线方向与焊接方向趋于平行时，凝固界面生长速度较高；而当凝固界面法线方向垂直于焊接方向时，凝固界面生长速度趋于零。另外，温度梯度的变化可以从液相线与固相线之间的距离直观地理解。如图 3.11 所示，从焊缝熔合线到中心线，G 从 350 K/mm 左右急剧地下降到 20 K/mm 左右；与之相反，R 从 0 mm/s 上升到 80 mm/s。

3.5.2 凝固参数分布对微观组织的影响

图 3.12（a）和（b）对比了不同激光焊接工艺参数下 G 和 R 的分布情况。Case I：$P_L = 2\,500$ W，$V = 80$ mm/s；Case II：$P_L = 3\,000$ W，$V = 120$ mm/s；Case III：$P_L = 3\,500$ W，$V = 180$ mm/s。如前面所述，凝固参数 G 和 R 决定了凝固微观组织的形貌和尺寸。

如图 3.10 所示，形貌影响因子 G/R 决定了凝固组织形貌。高 G/R 值表明凝固界面将以平面晶的形式生长，而低 G/R 值意味着凝固界面将失稳并以胞状晶或枝晶的形式生长。成分过冷理论指出，为了使凝固界面以平面晶的形式稳定生长，必须满足下述条件[13]：

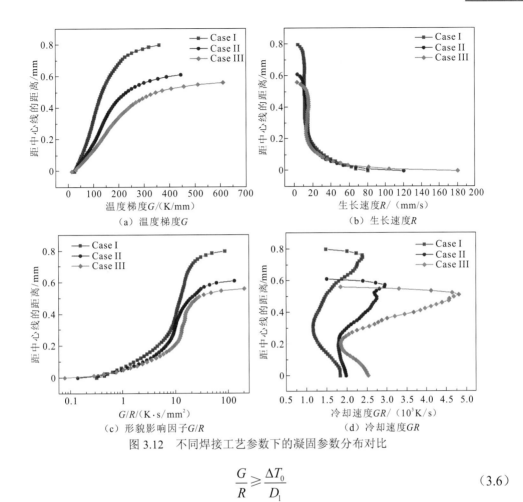

图 3.12　不同焊接工艺参数下的凝固参数分布对比

$$\frac{G}{R} \geqslant \frac{\Delta T_0}{D_1} \tag{3.6}$$

式中：ΔT_0 为平衡凝固温度区间；D_1 为液相溶质扩散系数。对于 5083 铝合金而言，ΔT_0 为 22 K，D_1 为 3×10^{-3} mm^2/s。于是，$\Delta T_0/D_1$ 计算为 7×10^3 K·s/mm^2。图 3.12（c）所示为不同焊接工艺参数下 G/R 随熔池宽度的变化曲线。从图 3.12（c）中可以看到，对于三组不同的焊接工艺参数，G/R 值从焊缝熔合线到中心线均剧烈下降。但是，所有的 G/R 值都明显小于临界值 7×10^3 K·s/mm^2，表明在焊缝中凝固组织将不会以平面晶的形式生长，而会以胞状晶或等轴晶的形式生长。

图 3.13 为不同焊接工艺参数下焊缝熔合线和中心线附近微观组织的 SEM 图。Case I：$P_L = 2\,500$ W，$V = 80$ mm/s；Case II：$P_L = 3\,000$ W，$V = 120$ mm/s；Case III：$P_L = 3\,500$ W，$V = 180$ mm/s。从图 3.13 中可以看到，对于三组焊接工艺参数，焊缝熔合线附近的微观组织为胞状晶或柱状枝晶，焊缝中心线附近的微观组织为等轴枝晶，这与上述预测吻合良好。

焊缝凝固微观组织的尺寸由冷却速度 GR 决定，如图 3.10 所示。一般而言，冷却速度越高，焊缝凝固组织越细小。微观组织的尺寸与冷却速度的关系可以由下式简单描述[12]：

$$d = a(\varepsilon)^{-n} \tag{3.7}$$

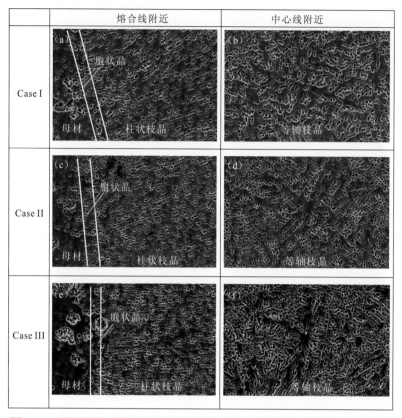

图 3.13　不同焊接工艺参数下焊缝熔合线和中心线附近微观组织的 SEM 图

式中：d 为二次枝晶间距；$\varepsilon=GR$ 为冷却速度；a 为拟合因子，其值取决于合金元素的种类和浓度；n 为 0.33～0.5 的常数。图 3.12（d）为不同焊接工艺参数下 GR 随熔池宽度的变化曲线。总体来说，从 Case I 到 Case III，随着焊接线能量的减小，焊缝的冷却速度逐渐增高。对于三组工艺参数而言，从焊缝熔合线到中心线，GR 均先快速增大，然后逐渐减小。

特别是从 Case I 到 Case II 和 Case III，焊缝中心线附近 GR 从大约 1 750 K/s 增加到 1 950 K/s 和 2 650 K/s。结合式（3.7），上述结果表明，焊缝中心线附近微观组织从 Case I 到 Case III 会逐渐细化，即二次枝晶间距 d 从 Case I 到 Case III 会逐渐减小。图 3.13（b）、（d）、（f）分别为三组焊接工艺参数下焊缝中心线附近微观组织的 SEM 图。基于上述 SEM 图，按照以下步骤可以估算焊缝微观组织的二次枝晶间距：①选择二次枝晶发达且枝晶臂相互平行的区域，测量第一个枝晶到最后一个枝晶的总距离；②将上述测量的总距离除以相隔的枝晶臂的总个数，得到二次枝晶间距；③反复测量不同的区域，计算得到平均二次枝晶间距及其偏差。图 3.14 为不同焊接工艺参数下焊缝中心线附近微观组织的平均二次枝晶间距。Case I：$P_L=2\,500$ W，$V=80$ mm/s；Case II：$P_L=3\,000$ W，$V=120$ mm/s；Case III：$P_L=3\,500$ W，$V=180$ mm/s。从图中可以看到，从 Case I 到 Case II 和 Case III，平均二次枝晶间距从 4.1 μm 减小到 3.9 μm 和 3.4 μm，这与上述预测结果相吻合。

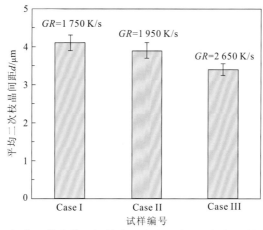

图 3.14　不同焊接工艺参数下焊缝中心线附近微观组织的平均二次枝晶间距

　　熔池凝固过程中一个重要的现象是 CET。柱状晶向等轴晶转变是指凝固过程中等轴晶在柱状晶生长前沿形核、长大，阻挡柱状晶生长，并最终以等轴晶生长的现象。CET可以细化焊缝晶粒，提高焊缝晶粒取向的均匀性。研究表明，CET 过程中等轴晶的体积分数 ϕ 与凝固参数和材料相关物性参数的关系可表示为[14-15]

$$\frac{G^n}{R} = a\left\{\frac{1}{n+1}\left[\frac{-4}{3}\frac{\pi N_0}{\ln(1-\phi)}\right]^{1/3}\right\}^n \tag{3.8}$$

式中：a 和 n 为与材料相关的参数；N_0 为有效形核点密度。需要说明的是，参数 a 和 n 与尖端成分过冷和枝晶生长速度相关，其关系满足[16]

$$\Delta T = (aV)^{1/n} \tag{3.9}$$

式中：ΔT 为成分过冷程度；V 为枝晶生长速度。Hunt[14]指出，当 $\phi > 0.49$ 时，可认为凝固过程为全部等轴晶生长。因此，焊缝中的晶粒结构可以通过临界 G^n/V 预测。为了方便计算，将枝晶生长速度 V 简化为凝固前沿推进速度 R。根据 Vandyoussefi 等[16]的研究，与材料相关的参数可取为 $n=3$ 和 $a=6.19$ K$^3\cdot$m/s。另外需要说明的是，由于有效形核点密度 N_0 很难通过实验测定，本章采用了拟合的方法得到。基于 Case I 焊接试样的焊缝晶粒结构，N_0 拟合为 2.77×10^{13} m^{-3}。最终计算得到，当条件满足 $G^3/R < 1.66\times10^5$ K$^3\cdot$s/mm^4 时，凝固组织将全部为等轴晶组织。

　　图 3.15（a）、（c）、（e）分别为不同焊接工艺参数下 CET 参数 G^3/R 随熔池宽度的变化曲线。从图中可以看到，对于三组焊接工艺参数，从焊缝熔合线到焊缝中心线，G^3/R 值均从 10^7 数量级迅速降低到 10^1 数量级，意味着在三组焊缝中均有 CET 发生的可能性。图 3.15（a）、（c）、（e）中标示了全等轴晶组织形成的 G^3/R 临界值。图中：G^3/R 值小于临界 G^3/R 值的区域为预测的等轴晶区域，G^3/R 值大于临界 G^3/R 值的区域为预测的柱状晶区域。注意，由于焊缝凝固参数和晶粒组织关于焊缝中心线具有对称性，这里仅预测了焊缝一半的晶粒组织。图 3.15（b）、（d）、（f）分别为实验得到的焊缝晶粒结构的 EBSD 图。

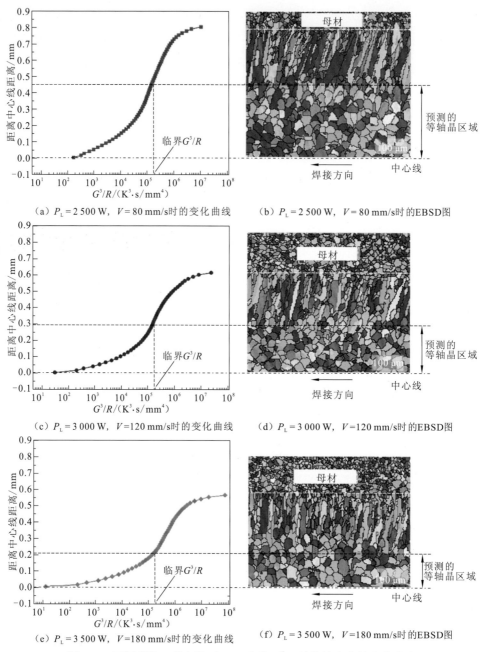

（a）$P_L = 2\,500\,\mathrm{W}$，$V = 80\,\mathrm{mm/s}$时的变化曲线

（b）$P_L = 2\,500\,\mathrm{W}$，$V = 80\,\mathrm{mm/s}$时的EBSD图

（c）$P_L = 3\,000\,\mathrm{W}$，$V = 120\,\mathrm{mm/s}$时的变化曲线

（d）$P_L = 3\,000\,\mathrm{W}$，$V = 120\,\mathrm{mm/s}$时的EBSD图

（e）$P_L = 3\,500\,\mathrm{W}$，$V = 180\,\mathrm{mm/s}$时的变化曲线

（f）$P_L = 3\,500\,\mathrm{W}$，$V = 180\,\mathrm{mm/s}$时的EBSD图

图 3.15　不同焊接工艺参数下 CET 参数 G^3/R 随熔池宽度的变化曲线
及其对应的实验焊缝晶粒结构的 EBSD 图

　　同样，由于焊缝的对称性，这里仅仅展示了焊缝一半的晶粒组织。以图 3.15（b）为例，图中顶部为母材金属，底部为焊缝中心线。可以看到：首先，柱状晶从母材晶粒外延生长；然后，柱状晶之间相互竞争生长，并淘汰了部分非择优取向（unpreferred orientation，UO）的柱状晶；最后，柱状晶向等轴晶转变发生，焊缝晶粒组织转变为全等轴晶组织。

根据晶粒形貌，可以将焊缝组织划分为三个主要区域，即等轴晶区、柱状晶区，以及一个非常窄的过渡区域。图 3.15（b）、（d）和（f）中，通过 CET 参数 G^3/R 预测的等轴晶区位于焊缝中心线与虚线（从临界 G^3/R 点处延长而来）之间，也就是双向箭头所示区域。可以看出，对于三组焊接工艺参数而言，预测结果均与实验结果吻合较好。结果表明，从 Case I 到 Case III，随着焊接线能量的减小，焊缝中部的等轴晶区逐渐变窄。这是因为从焊缝中心线到熔合线 G^3/R 值上升得越来越快，导致在熔池凝固前沿的成分过冷区域变窄，从而不利于等轴晶的形核。但是，同时应该注意，焊缝宽度也在变窄，等轴晶区域在整体焊缝中所占比例并未明显减小。

综上，本节对铝合金薄板激光焊接熔池凝固前沿的凝固参数分布情况进行了分析，并讨论了凝固参数对焊缝凝固微观组织的影响。所分析的凝固参数主要包括温度梯度 G 和生长速度 R 及其复合形式 GR、G/R、G^3/R。通过这些凝固参数定性/半定量分析了不同焊接工艺参数下的焊缝凝固微观组织尺寸及凝固形貌演化规律。

本章参考文献

[1] XIA S L, MA M, ZHANG J X, et al. Effect of heating rate on the microstructure, texture and tensile properties of continuous cast AA 5083 aluminum alloy[J]. Materials Science and Engineering: A, 2014, 609(15): 168-176.

[2] WU D S, HUA X M, HUANG L J, et al. Numerical simulation of spatter formation during fiber laser welding of 5083 aluminum alloy at full penetration condition[J]. Optics and Laser Technology, 2018, 100(1): 157-164.

[3] PAN J J, HU S S, YANG L J, et al. Simulation and analysis of heat transfer and fluid flow characteristics of variable polarity GTAW process based on a tungsten-arc-specimen coupled model[J]. International Journal of Heat and Mass Transfer, 2016, 96: 346-352.

[4] INDHU R, VIVEK V, SARATHKUMAR L, et al. Overview of laser absorptivity measurement techniques for material processing[J]. Lasers in Manufacturing and Materials Processing, 2018, 5(4): 458-481.

[5] RAI R R, ROY G G, DEBROY T. A computationally efficient model of convective heat transfer and solidification characteristics during keyhole mode laser welding[J]. Journal of Applied Physics, 2007, 101(5): 054909.1-054909.11.

[6] DE LANGE D F, POSTMA S, MEIJER J. Modelling and observation of laser welding: The effect of latent heat[C]//22nd International Congress on Applications of Laser Materials Processing and Laser Microfabrication, ICALEO, 2003.

[7] DAVID S A, VITEK J M. Correlation between solidification parameters and weld microstructures[J]. International Materials Reviews, 1989, 34(1): 213-245.

[8] CHANG B H, ALLEN C, BLACKBURN J, et al. Fluid flow characteristics and porosity behavior in full penetration laser welding of a titanium alloy[J]. Metallurgical and Materials Transactions: B, 2015, 46(2): 906-918.

[9] WEI H L, ELMER J W, DEBROY T. Three-dimensional modeling of grain structure evolution during welding of an aluminum alloy[J]. Acta Materialia, 2017, 126: 413-425.

[10] RAI R, ELMER J W, PALMER T A, et al. Heat transfer and fluid flow during keyhole mode laser welding of tantalum, Ti-6Al-4V, 304L stainless steel and vanadium[J]. Journal of Physics D: Applied Physics, 2007, 40(18): 5753-5766.

[11] AALDERINK B J, LANGE D F, AARTS R, et al. Experimental verification of multi-physical modelling of the keyhole laser welding process[C]//International Congress on Applications of Lasers and Electro-Optics, LIA, 2006.

[12] KOU S. Welding metallurgy[M]. 2nd ed. Hoboken: John Wiley & Sons, Inc., 2002.

[13] KURZ W, FISHER D J. Fundamentals of solidification[M]. 4th ed. Switzerland: Trans Tech Publications, 1998.

[14] HUNT J D. Steady state columnar and equiaxed growth of dendrites and eutectic[J]. Materials Science and Engineering, 1984, 65(1): 75-83.

[15] GÄUMANN M, BEZENCON C, CANALIS P, et al. Single-crystal laser deposition of superalloys: Processing-microstructure maps[J]. Acta Materialia, 2001, 49(6): 1051-1062.

[16] VANDYOUSSEFI M, GREER A L. Application of cellular automaton-finite element model to the grain refinement of directionally solidified Al-4.15 wt% Mg alloys[J]. Acta Materialia, 2002, 50(7): 1693-1705.

第 4 章

铝合金薄板激光焊接
凝固初期微观组织演化

本章未考虑凝固过程中的晶粒形核现象，主要针对熔池凝固初期的平面晶生长阶段、胞状晶生长阶段、柱状晶生长阶段的微观组织演化进行介绍。本章主要内容包括：①焊缝晶粒组织和枝晶组织两个层面的多尺度模型验证；②熔池凝固过程中凝固界面的平面生长向胞状生长转变过程、平界面不稳定性的主要原因，以及晶粒取向对液固界面稳定性的影响机理；③胞状晶向柱状枝晶的转变过程，以及该过程中枝晶间距的动态调节机理；④焊缝熔池凝固过程中的多晶竞争生长现象。

4.1 未考虑形核的多尺度模型验证

在讨论熔池凝固过程微观组织演化之前，需要对激光焊接宏观传热流动和微观枝晶生长多尺度模型进行验证。本节将以激光焊接工艺参数 P_L = 3 000 W 和 V = 120 mm/s 为例，通过实验所得结果对多尺度模型进行验证。5083 铝合金的合金成分见表 3.1。由于除 Mg 元素外其他元素的含量比较低，本节将其近似为 Al-Mg（Mg 质量分数为 4.5%）二元合金。在相场模拟中，用到的 Al-Mg 合金主要的物性参数见表 4.1[1-2]。第 3 章已经对宏观传热与流动耦合模型进行了充分的验证，本节不再赘述。本节的验证工作主要从两个层面展开，即晶粒组织层面和枝晶组织层面，如图 4.1 所示。

表 4.1 相场模拟中 Al-Mg 合金的物性参数[1-2]

参数	值	单位
纯铝熔点（T_m）	933.47	kg/m³
Mg 的含量（c_0）	4.5	%
液相线斜率（m）	−5.78	kg/(m·s)
溶质分配系数（k）	0.45	J/(kg·K)
液相扩散系数（D_l）	3.0×10^{-9}	J/(kg·K)
固相扩散系数（D_s）	1.0×10^{-12}	J/kg
各向异性强度（ε_4）	0.01	W/(m·K)
吉布斯-汤姆孙系数（Γ）	1.3×10^{-7}	N/(m·K)

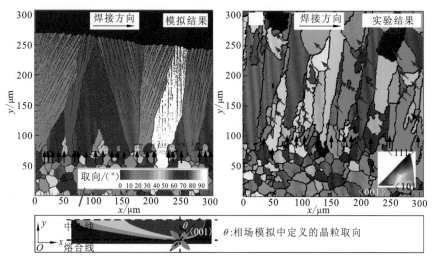

（a）模拟得到的晶粒组织　　　　（b）EBSD测试的晶粒组织

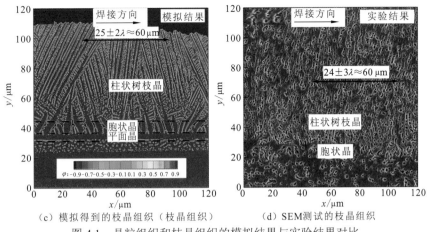

（c）模拟得到的枝晶组织（枝晶组织）　　　（d）SEM测试的枝晶组织

图 4.1　晶粒组织和枝晶组织的模拟结果与实验结果对比

焊接工艺参数：$P_L = 3\,000$ W，$V = 120$ mm/s

4.1.1　晶粒组织层面的多尺度模型验证

图 4.1（a）为利用多尺度模型计算得到的晶粒结构组织。需要说明的是，这里晶粒取向定义为晶粒择优生长方向<100>与焊缝宽度方向（y 轴方向）的夹角。从图中可以看到，UO 的晶粒（图中黑色箭头所示）在晶粒竞争生长过程中被逐渐淘汰掉；与之对比，择优取向（preferred orientation，PO）的晶粒一边横向生长，一边朝焊缝中心生长，最终形成粗大的喇叭状晶粒。图 4.1（b）为 EBSD 测试得到的晶粒结构组织。从图中可以看到，EBSD 测试得到的晶粒结构与图 4.1（a）模拟得到的晶粒结构的基本特征类似。但是，EBSD 测试结果中，在相邻的柱状晶之间和柱状晶内部会有孤立的小晶粒。出现这些孤立晶粒可能的原因有两个：首先，虽然在熔池边界处柱状晶生长阶段凝固界面的温度梯度高且生长速度低，导致形核概率非常低，但仍有可能发生晶粒形核现象，而这些孤立的晶粒即源于新形成的晶粒；其次，在焊接过程中，真实的凝固过程和晶粒结构是三维的，即焊缝内部的晶粒结构在三维空间是交错的，然而，EBSD 测试结果仅仅反映了晶粒组织在一个二维截面上的分布，那些孤立的晶粒可能是某些中心偏离该二维截面晶粒的截面。

4.1.2　枝晶组织层面的多尺度模型验证

图 4.1（c）所示为多尺度模型模拟的枝晶组织。从图中可以看到，在熔池边界处晶粒首先以平面晶的形式生长，随后生长形式转变为胞状晶生长和柱状枝晶生长。这些凝固特点与成分过冷理论所预期的焊缝晶粒生长形式非常吻合。图 4.1（d）为 SEM 测试得到的枝晶组织。从图中可以看到典型的胞状晶组织和柱状枝晶组织。然而，由于 SEM 难以区分平面晶与母材晶粒的形貌，并没有观察到平面晶组织。另外，本节还定量对比

了模拟与实验得到的平均枝晶间距 λ。值得一提的是，由于凝固参数随着在焊缝中位置的变化而变化，焊缝不同位置处的 λ 可能不同。为了使对比有意义，选取焊缝同一相对位置处的微观组织进行统计，该位置距离焊缝熔合线 50 μm。如图 4.1（c）和（d）所示，模拟和实验得到的平均枝晶间距分别为 2.4 μm 和 2.5 μm。模拟结果与实验结果吻合比较好，存在少许差异的原因主要有两个方面：首先，该差异可能源于所统计晶粒的取向不同。通过引入晶粒取向修正因子，经典的解析模型表明，一次枝晶间距 λ 可表示为[3]

$$\lambda \propto \Delta T_0^a V_p^b G^{-c} F(\alpha_0) \tag{4.1}$$

$$F(\alpha_0) = 1 + d[(\cos\alpha_0)^{-e} - 1] \tag{4.2}$$

式中：ΔT_0 为合金平衡凝固温度区间；V_p 为生长速度；G 为温度梯度；$F(\alpha_0)$ 为取向修正因子（α_0 为晶粒取向与温度梯度方向的夹角）；$a = b = 0.25$，$c = 0.5$ 为常数。因此，即使在相同的凝固条件下，λ 可能随 α_0 变化而改变。另外，相场模拟中将 5083 铝合金近似成 Al-Mg 二元合金，而未考虑其他合金元素，如 Si、Cu、Zn、Mn 等，对 ΔT_0 和 λ 有影响。

综上，对比晶粒组织层面与枝晶组织层面验证了多尺度模型的有效性，表明该多尺度模型可以用于研究铝合金薄板激光焊接熔池凝固过程中的微观组织演化规律。

4.2 平面晶向胞状晶转变及界面稳定性机制

如图 4.1 所示，在焊缝熔合线附近的凝固初期，晶粒将以平面晶的形式生长。随着凝固过程的进行，凝固平界面失稳，形成了胞状晶阵列。在凝固领域，这是一个非常重要的现象，称为平界面失稳（initial planar instability）[4]。研究平界面失稳现象的重要意义在于，焊接熔池凝固过程具有历史相关性，凝固早期的平界面失稳会对后续的胞状晶生长和柱状晶生长产生重要的影响。

图 4.2 为熔池凝固初期的凝固界面形貌随时间的演化过程。图中黑色虚线标识了温度场等温线。在讨论凝固界面形貌演化之前，先讨论一个发生在熔化区外有趣的现象。如图 4.2（a）所示，在紧邻焊缝熔合线处观察到一个液相与固相共存的区域，即部分熔化区。部分熔化区形成的主要原因是，焊接过程中这个区域的最高温度位于液相线温度与固相线温度之间，导致母材金属的部分熔化。类似现象在 Al-Cu（Al 质量分数为 4.5%）合金气体保护焊接实验中有过报道。本节的主要关注点在于熔合区的凝固微观组织演化过程，因此不再详细论述部分熔化区。

4.2.1 平面晶向胞状晶转变过程

本小节介绍熔池凝固初期的平面晶生长向胞状晶生长转变过程。随着温度场的向前运动，凝固界面的温度逐渐下降。如图 4.2（a）所示，在初始生长阶段，凝固界面保持

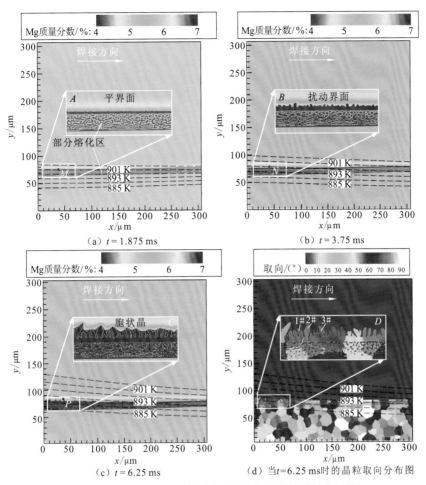

图 4.2 熔池凝固初期的凝固界面形貌随时间的演化过程

为平界面，并逐渐向熔池内部液相区域推进。与此同时，由于溶质分配系数 $k<1$，固相中溶质元素 Mg 的溶解度低于其在液相中的溶解度，溶质在凝固界面前沿开始累积，形成了一个溶质边界层。随着温度场的继续移动，凝固过程加速，凝固界面前沿溶质累积加剧，凝固平界面开始失稳，并逐渐形成胞状晶阵列，凝固过程进入高度非线性阶段。

以上描述的平界面失稳现象可通过马林斯-塞克卡（Mullins-Sekerka）理论进行定量分析[4]。根据笛卡儿符号定理，平界面稳定生长判据可简化为[4]

$$F = G + \frac{\Gamma k V_p^2}{D_1^2} - \frac{V_p \Delta T_0}{D_1} \geqslant 0 \tag{4.3}$$

式中：G 为温度梯度；Γ 为吉布斯-汤姆孙系数；k 为溶质分配系数；V_p 为生长速度；D_1 为液相扩散系数；ΔT_0 为平衡凝固温度区间。从式（4.3）中各项的正、负符号，可以直观地理解各项在界面稳定方面起到的作用。例如，式中第一项（外加的温度梯度）和第二项（曲率作用）为正，有利于提高凝固界面稳定性；反之，式中第三项（液相线温度梯度）始终为负，会降低凝固界面稳定性。

4.2.2 界面稳定性机制

下面以图 4.2（a）、（b）、（c）中点 M、N、P 为例分析界面稳定性。需要说明的是，式（4.3）中温度梯度 G 根据局部温度场计算而来，生长速度 V_p 取为凝固界面处等温面的法向移动速度。式中其他与材料相关的参数见表 4.1。最终，计算得到的 V_p、G、F 值和式中各项的值见表 4.2。在点 M 处，F 值大约为 59.14 K/mm（>0），表明固液界面将以平面晶稳定生长。然而，F 值在点 N 迅速下降到-50 464.78 K/mm，在点 P 进一步下降到-98 855.44 K/mm，表明凝固界面高度不稳定。上述预测结果与多尺度模型模拟得到的固液界面形貌一致。特别地，从表 4.2 中可以看到，式（4.3）中第三项的值相对于第一项的值和第二项的值变化更加剧烈，说明第三项（液相线温度梯度）在界面稳定性上起到了更为重要的作用。对于给定的材料，ΔT_0 和 D_1 为常数，因此 V_p 决定了第三项的值，即 V_p 决定凝固界面的稳定性。一般情况下，外加温度梯度 G 也是决定界面稳定性的重要参数。然而，在本节的情况下，G 似乎起到的作用较小。这是因为从点 M 到点 P，G 的变化幅度远小于 V_p 的变化幅度。从表 4.2 中可以看到，从点 M 到点 P，V_p 从 0.04 mm/s 增加到了 9.41 mm/s，而 G 仅从 483 K/mm 下降了 336 K/mm。V_p 的变化导致凝固前沿的液相线温度梯度远远大于外加的温度梯度，进而导致成分过冷区域的形成，从而使凝固界面失稳。

表 4.2　计算得到的 V_p、G、F 值及式中各项的值

点	V_p/（mm/s）	G/（K/mm）	F/（K/mm）	第一项/（K/mm）	第二项/（K/mm）	第三项/（K/mm）
M	0.04	483	59.14	483	0.01	-423.86
N	4.82	418	-50 464.78	418	150.76	-51 033.54
P	9.41	336	-98 855.44	336	576.17	-99 767.61

错配角（misorientation angle）对凝固平界面失稳具有重要影响[5]。错配角是指晶体的 PO 与温度梯度方向的夹角。图 4.2（d）所示为 $t=6.25$ ms 时的晶粒取向分布图。从图中可以看到，具有不同晶体取向的胞状晶表现出不同的生长行为。下面以图中 D 区域中的 1#胞状晶（晶粒取向为 53.5°）、2#胞状晶（晶粒取向为 6.5°）、3#胞状晶（晶粒取向为 73.8°）为例进行分析。可以发现，相对于 2#胞状晶和 3#胞状晶，1#胞状晶虽然更靠近熔池尾部，具有更高的尖端过冷度，但是其生长仍落后于 2#胞状晶和 3#胞状晶。图 4.3 所示为 1#、2#、3#胞状晶尖端无量纲过冷度随时间的变化曲线。注意，无量纲过冷度表示为 $\Omega = 1 - [(T - T_s)/\Delta T_0]$（$T$ 为尖端温度）。对于三个胞状晶，尖端过冷程度均随时间而增加，但是 1#胞状晶的尖端过冷总是大于 2#和 3#胞状晶，这可能是由三个胞状晶的错配角不同引起的。

文献[6]研究表明，表面张力各向异性对平界面失稳的影响可以通过三个方面体现出来，即临界时间（crossover time）、平均失稳波长（mean wavelength）、凝固界面的具

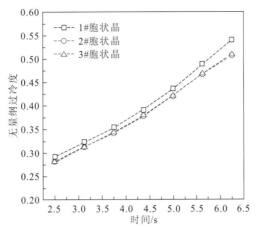

图 4.3 区域 D 中 1#、2#、3#胞状晶尖端无量纲过冷度随时间的变化曲线

体形貌。一般情况下，凝固界面越稳定，则临界时间越长，平均失稳波长越大。图 4.4
（a）和（b）所示分别为不同晶粒取向和错配角下统计得到的凝固界面失稳临界时间和平
均失稳波长。需要说明的是，此处错配角仅仅在熔合线附近凝固初始阶段有效，此时凝
固界面温度梯度的方向几乎垂直于焊接方向。随着凝固过程的进行，对于一个给定取向
的晶粒，其错配角可随着温度场的向前移动而不断变化。另外，由于在二维情况下表面
张力的各向异性为四次对称，最大错配角为 45°。如图 4.4 所示，凝固界面临界失稳时
间和平均失稳波长均随着错配角的增大而增大。图 4.5 所示为不同晶粒取向和错配角下
凝固界面失稳的动态演化过程。

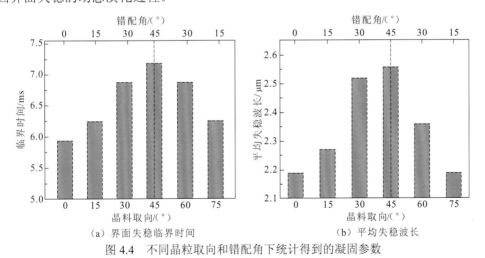

（a）界面失稳临界时间 （b）平均失稳波长

图 4.4 不同晶粒取向和错配角下统计得到的凝固参数

凝固界面失稳的临界时间和平均失稳波长随错配角的变化可以从表面张力的稳定性
效应和固液界面的刚度理解。在四次对称的情况下，固液界面的表面能可简单地表示为[6]

$$\Gamma(\theta) = \gamma_0[1 + \varepsilon_4 \cos 4(\theta + \theta_0)] \tag{4.4}$$

式中：γ_0 为表面张力的各向同性部分；ε_4 为各向异性强度；θ 为界面法向与温度梯度方
向的夹角；θ_0 为错配角。进一步地，固液界面的刚度表示为[6]

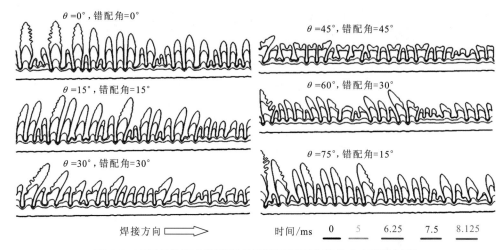

图 4.5　不同晶粒取向和错配角下凝固界面失稳的动态演化过程

$$\tilde{\gamma}(\theta) = \gamma(\theta) + \gamma''(\theta) = \gamma_0[1 - 15\varepsilon_4 \cos 4(\theta + \theta_0)] \tag{4.5}$$

由于在凝固初期 θ 极小，界面刚度可简化为

$$\tilde{\Gamma}(\theta) = \gamma(\theta) + \gamma''(\theta) = \gamma_0[1 - 15\varepsilon_4 \cos 4\theta_0] \tag{4.6}$$

从上式中可以看出，界面刚度与错配角 θ_0 是正相关的。因此，随着错配角的增大，固液界面的刚度逐渐变大，界面稳定性越来越强，失稳临界时间和平均失稳波长相应地增大。通过以上分析，不难理解为什么在熔池凝固初期 UO（错配角大）的晶粒落后于 PO（错配角小）的晶粒。值得一提的是，那些落后的晶粒会随着凝固的进行而逐渐被淘汰，这将在后面详细讨论。

综上，本节介绍了熔池凝固初期时凝固界面从平面晶生长向胞状晶生长的动态演化过程，并阐明了表面张力的各向异性对凝固界面稳定性的影响。凝固平界面失稳的主要原因是，凝固过程中晶体生长速度的迅速增大（而非温度梯度的变化），使凝固前沿液相线温度梯度远远大于外加温度梯度，从而导致较大的成分过冷。另外，晶粒取向或错配角能够显著影响界面稳定性。随着错配角的增大，固液界面刚度增大，表面张力的稳定性作用增强，固液界面越来越稳定。

4.3　胞状晶向柱状晶转变及枝晶间距调整机制

4.3.1　胞状晶向柱状晶转变过程

随着熔池继续凝固，胞状晶生长会向柱状树枝晶生长转变。图 4.6 所示为胞状晶向柱状晶转变过程中凝固形貌的动态演化过程。可以看到，在非常短暂的时间（<2 ms）内，即完成了胞状晶生长向柱状树枝晶生长的转变。

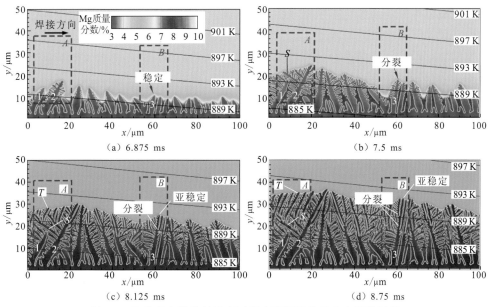

图 4.6 胞状晶向柱状晶转变过程中凝固形貌的动态演化过程

4.3.2 枝晶间距调整机制

伴随着凝固形貌的显著变化，一次枝晶间距（primary dendritic arm spacing，PDAS）也发生了明显的变化。如图 4.7 所示，从焊缝熔合线到焊缝中心线，PDAS 首先增大到最大值，然后迅速下降。从图 4.6（a）和（b）可以看到，PDAS 的增大可以归因于部分胞状晶在竞争生长过程中被淘汰掉。之后，PDAS 的迅速减小是因为新的一次枝晶臂的形成。通过观察图 4.6（c）和（d）中凝固形貌的变化，可以归纳出新枝晶臂形成的两种机理，即三次枝晶生长和尖端分裂。

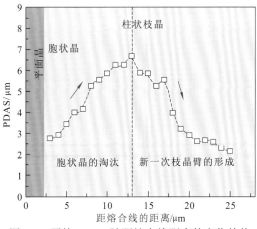

图 4.7 平均 PDAS 随距熔合线距离的变化趋势

三次枝晶生长的现象可以从图 4.6 中区域 A 观察到。下面以一次枝晶 1 和 2 为例进行分析。起初,位于一次枝晶 2 尖端后部的二次枝晶被一次枝晶 1 挡住,不能自由向外生长(图 4.6 (a))。随后,一次枝晶 2 尖端后部的某个二次枝晶臂 S 偶然逃脱,并发展成为一个近乎自由生长的枝晶(图 4.6 (b))。与此同时,二次枝晶臂 S 阻挡了一次枝晶 1 的生长,并生成了新的三次枝晶臂 T(图 4.6 (c))。之后,枝晶臂 T 发展成为了新的一次枝晶(图 4.6 (d))。这种三次枝晶生长并发展成为一次枝晶的现象在实验得到的焊缝微观组织中被观察到,如图 4.8 (a) 所示。Kostrivas 和 Lippold[7]在 2195 铝合金模拟焊缝组织中也观察到了类似的现象,如图 4.8 (b) 所示。值得一提的是,这种现象在定向凝固的实验和模拟中也被广泛观察到。

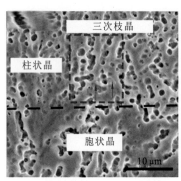
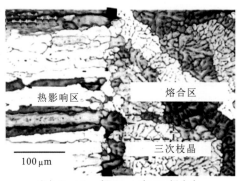

(a)本节实验观察到的三次枝晶　　　　(b)Kostrivas和Lippold在2195铝合金
模拟焊缝中观察到的三次枝晶[7]

图 4.8　观察到的三次枝晶

除三次枝晶生长外,另一个重要现象是枝晶尖端分裂。下面以图 4.6 区域 B 中的一次枝晶 3 为例进行分析。从图中可以看到,一次枝晶 3 的尖端经历了稳定生长、分裂、亚稳定生长、分裂的演化过程。类似的现象在实验焊缝微观组织中也被广泛地观察到。如图 4.9 (a) 白色箭头所示为本节激光焊接实验焊缝中观察到的枝晶尖端分裂现象。图 4.9 (b) 所示为文献[8]中观察到的枝晶尖端分裂现象。研究人员通过对定向凝固过程进行研究,发现了枝晶尖端分裂与抽拉速度(即生长速度)密切相关。图 4.10 所示为一次枝晶 3 的尖端生长速度和等温线移动速度随时间变化的曲线。开始时,枝晶尖端的生长速度低于等温线移动速度;随后,尖端生长速度迅速增大,超过等温线移动速度,并达到了一个极大值;最后,尖端生长速度逐渐下降,并趋近于等温线移动速度。根据图 4.6 中枝晶尖端的形貌演化过程,在图 4.10 中的尖端生长速度变化曲线上标示出了尖端分裂发生的时间点。可以发现,尖端分裂仅发生在生长速度较高的区间内,这与文献[9]和文献[10]报道结果相一致。屈敏等[9]利用定向凝固技术研究了 Al-Cu(Al 质量分数为 4%)合金的凝固界面形貌和枝晶间距调整现象,发现在较高的生长速度下会发生枝晶尖端分裂现象,从而完成了枝晶间距的动态调整。Chen 等[10]结合同步辐射 X 射线成像技术与相场模拟进一步证实了这种现象。

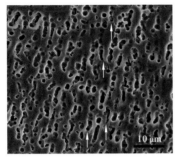 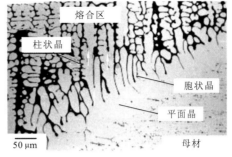

（a）本节实验观察到的枝晶尖端分裂现象　　（b）文献[8]中观察到的枝晶尖端分裂现象

图 4.9　枝晶尖端分裂现象

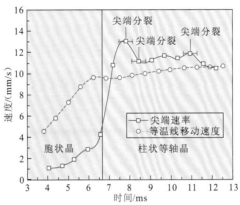

图 4.10　凝固过程中等温线移动速率和枝晶 3 尖端生长速度

（图 4.6 中区域 B）随时间的变化趋势

实际上，枝晶尖端分裂现象与枝晶尖端半径 ρ_i 和凝固界面最小失稳波长 λ_i 的相对大小有关。根据马林斯-塞克卡理论[10]，失稳波长 λ_i 可由下式估算：

$$\lambda_i = 2\left[\frac{\Gamma}{mC_i(k-1)}l_s\right]^{1/2} \tag{4.7}$$

式中：$l_s \approx 2D_l/V_p$ 为枝晶尖端溶质层厚度；C_i 为枝晶尖端处的液相溶质浓度。当尖端半径 ρ_i 小于最小失稳波长 λ_i 时，由于枝晶尖端太窄而不易分裂为两个尖端，枝晶将保持稳定，不分裂；相反，当枝晶尖端半径 ρ_i 大于最小失稳波长 λ_i 时，尖端将失稳并分裂。在枝晶生长早期，枝晶尖端生长速度 V_p 较小（图 4.10），导致 l_s 和 λ_i 较大，从而满足 $\rho_i < \lambda_i$（图 4.6（a）），尖端保持稳定，不分裂；随后，生长速度 V_p 迅速增大，λ_i 相应地减小，致使 $\rho_i > \lambda_i$，尖端开始变形并分裂（图 4.6（b））。由于分裂后新形成的枝晶尖端半径小于最小失稳波长，枝晶尖端将处于暂时的稳定状态（图 4.6（c））。需要说明的是：当 $\rho_i < \lambda_i$ 时，枝晶尖端半径会自然而然地增大，直到大于 λ_i；一旦 $\rho_i > \lambda_i$，枝晶尖端将会再次失稳并分裂（图 4.6（d））。

综上，本节介绍了胞状晶向柱状树枝晶转变时凝固形貌的演化过程，阐明了转变过程中一次枝晶间距的变化规律。一次枝晶间距的减小可归结于两个重要的凝固现象，即三次枝晶生长和枝晶尖端分裂。

4.4　基于枝晶演化的多晶粒竞争生长机制

如前面所述，熔池凝固过程是一个典型的多晶生长过程。除晶粒内部微观组织的演化外，不同的晶粒间还存在复杂的竞争生长。晶粒间的竞争生长决定了焊缝的晶粒组织结构。

4.4.1　晶粒组织瞬态生长过程

图 4.11 所示为熔池凝固过程中晶粒组织的瞬态生长过程。图中虚线为等温线，它沿着焊接方向不断移动。从图中可以看到，不同取向的晶粒首先从母材金属外延生长而出，随后向熔池内部竞争生长。在这个过程中，一些晶粒被其相邻的晶粒淘汰，而其他晶粒则不断向焊缝中心生长，导致不同晶粒具有明显不同的尺寸，即宽度和长度。

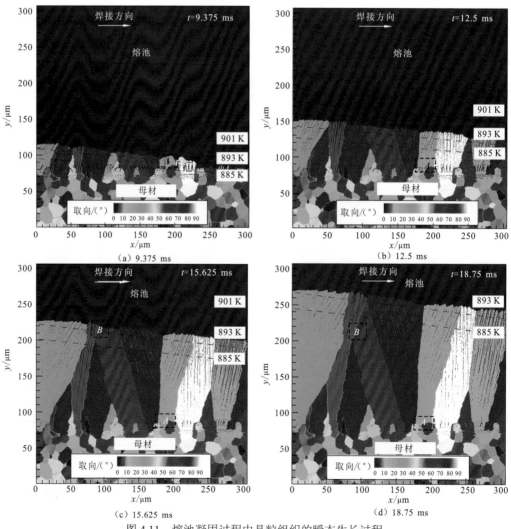

图 4.11　熔池凝固过程中晶粒组织的瞬态生长过程

图 4.12 所示为图 4.11（d）中不同晶粒取向时晶粒长度的分布情况。注意每个晶粒的长度估算为晶粒最远端距离焊缝熔合线的距离。从图中可以看到，晶粒长度在统计上与晶粒取向密切相关。一般而言，UO 晶粒的长度小于 PO 晶粒的长度。这主要是因为，相比于 UO 晶粒而言，PO 晶粒的晶体择优生长方向与热流方向更一致，能够更快地向熔池内部生长，并阻挡其相邻的 UO 晶粒生长，因此具有更大的晶粒长度。另外，在晶粒向熔池内部生长的同时，晶粒也在沿宽度方向不断生长，从而形成粗大的、喇叭状的晶粒。图 4.13 所示为图 4.11（d）中晶粒平均宽度随距熔合线距离的变化趋势。从图中可以看到，从焊缝熔合线到中心线，平均晶粒宽度从 11 μm 增大到了超过 50 μm。值得一提的是，由于未考虑形核导致的孤立晶粒模拟得到的平均晶粒宽度会略大于实际焊缝测量得到的平均晶粒宽度。

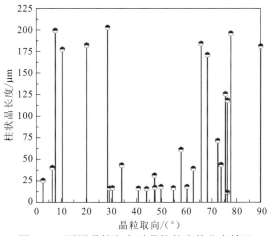

图 4.12　不同晶粒取向时晶粒长度的分布情况

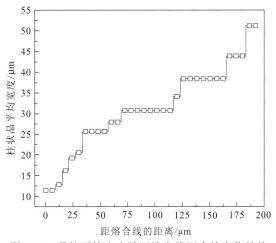

图 4.13　晶粒平均宽度随距熔合线距离的变化趋势

4.4.2 晶粒竞争生长机理

为了更好地理解激光焊缝中晶粒组织结构的形成过程，有必要认清熔池凝固过程中晶粒间的竞争生长机理。根据图 4.11 中焊缝晶粒结构的演化过程，发现并分析了两种不同的晶粒竞争生长机理，如图 4.14 所示。图 4.14（a）和（c）为模拟得到的微观组织，分别对应图 4.11 中的区域 A 和 B；图 4.14（b）和（d）为相应的示意图。

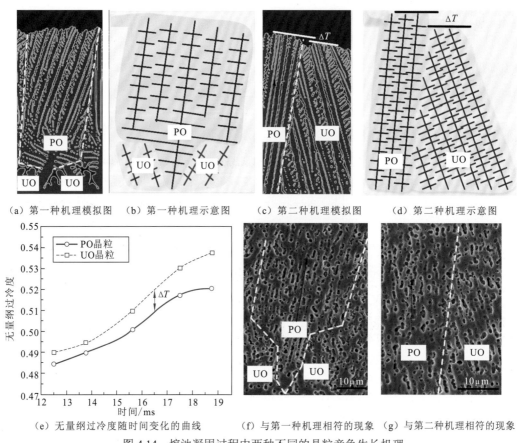

（a）第一种机理模拟图　（b）第一种机理示意图　（c）第二种机理模拟图　（d）第二种机理示意图

（e）无量纲过冷度随时间变化的曲线　（f）与第一种机理相符的现象　（g）与第二种机理相符的现象

图 4.14　熔池凝固过程中两种不同的晶粒竞争生长机理

第一种晶粒竞争生长机理为胞状晶向柱状晶转变过程中 PO 晶粒横向生长，并阻挡相邻 UO 晶粒生长，如图 4.14（a）和（b）所示。如果一个 UO 晶粒与 PO 晶粒相邻，在凝固早期，从 UO 晶粒生长出的胞状晶会迅速被 PO 晶粒的二次枝晶臂阻挡。这主要是因为，根据平界面稳定性理论，在液固界面表面张力各向异性的作用下，从 UO 晶粒生长出的胞状晶会落后于从 PO 晶粒生长出的胞状晶，如 4.3 节所述。第二种晶粒竞争生长机理为柱状晶汇聚竞争生长过程中 UO 晶粒被 PO 晶粒淘汰，如图 4.14（c）和（d）所示。在晶粒汇聚生长边界，PO 晶粒生长较快，其枝晶尖端所处位置位于 UO 晶粒前部，在竞争生长中处于优势地位；在汇聚生长过程中，UO 晶粒枝晶会被 PO 晶粒阻挡。UO

晶粒枝晶尖端落后于 PO 晶粒尖端的现象可以从尖端过冷度理解。

图 4.14（e）所示为图 4.14（c）中 UO 和 PO 晶粒枝晶尖端无量纲过冷度随时间变化的曲线。从图中可以看到，UO 晶粒枝晶尖端无量纲过冷度始终小于 PO 晶粒枝晶尖端无量纲过冷度，意味着 UO 晶粒始终落后于 PO 晶粒，这最终导致 UO 晶粒在生长过程中被淘汰。上述两种晶粒竞争生长机理均在实验焊缝微观组织中被观察到，如图 4.14（f）和（g）所示。

本节阐述了激光焊接熔池凝固多晶生长过程中的竞争生长现象。与相关文献仅从介观晶粒尺度理解这种竞争生长现象不同，本节从一个更深的层次，即相邻晶粒的胞状晶/柱状晶竞争生长，来理解这种现象。基于模拟结果和实验观察，本节介绍了两种不同的晶粒竞争生长机理，较好地解释了焊缝熔池凝固晶粒竞争生长过程中的微观组织演化过程。

本章参考文献

[1] GENG S N, JIANG P, SHAO X Y, et al. Effects of back-diffusion on solidification cracking susceptibility of Al-Mg alloys during welding: A phase-field study[J]. Acta Materialia, 2018, 160: 85-96.

[2] LIU J W, DUARTE H P, KOU S. Evidence of back diffusion reducing cracking during solidification[J]. Acta Materialia, 2017, 122: 47-59.

[3] GANDIN C A, ESHELMAN M, TRIVEDI R. Orientation dependence of primary dendrite spacing[J]. Metallurgical and Materials Transactions: A, 1996, 27(9): 2727-2739.

[4] KURZ W, FISHER D J. Fundamentals of solidification[M]. 4th ed. Zurich: Trans Tech Publications Ltd., 1998.

[5] YU F Y, JI Y Z, WEI Y H, et al. Effect of the misorientation angle and anisotropy strength on the initial planar instability dynamics during solidification in a molten pool[J]. International Journal of Heat and Mass Transfer, 2019, 130: 204-214.

[6] DONG Z B, ZHENG W J, WEI Y H, et al. Dynamic evolution of initial instability during non-steady-state growth[J]. Physical Review E, Statistical, nonlinear, and soft matter physics, 2014, 89(6): 62403.

[7] KOSTRIVAS A D, LIPPOLD J C. Simulating weld-fusion boundary microstructures in aluminum alloys[J]. JOM: The Journal of the Minerals, Metals, and Materials Society, 2004, 56(2): 65-72.

[8] KOU S. Welding metallurgy[M]. 2nd ed. Hoboken: John Wiley & Sons, Inc., 2003: 431-446.

[9] 屈敏, 刘林, 唐峰涛, 等. Al-Cu 合金定向凝固枝晶尖端开裂及间距调整机制[J]. 中国有色金属学报, 2008, 18(10): 1813-1818.

[10] CHEN Y, BILLIA B, LI D Z, et al. Tip-splitting instability and transition to seaweed growth during alloy solidification in anisotropically preferred growth direction[J]. Acta Materialia, 2014, 66: 219-231.

第 5 章

铝合金薄板激光焊接全焊缝凝固微观组织演化

　　本章将揭示铝合金薄板激光焊接全焊缝凝固微观组织的演化过程。首先证明铝合金激光焊接焊缝等轴晶形核的主要机制；然后基于 EBSD 和 SEM 测试结果对考虑等轴晶形核的多尺度模型进行验证；接着通过分析熔池凝固过程成分过冷场的瞬态变化，揭示铝合金薄板激光焊接全焊缝凝固微观组织的动态演化过程；再对焊缝中溶质偏析行为进行分析；最后讨论焊缝中异质核心数量密度对全焊缝凝固微观组织的影响。

5.1 铝合金薄板激光焊接焊缝等轴晶形核机制

目前焊缝中等轴晶形核的主要机制有三种，即晶粒脱离（grain detachment）、枝晶破碎（dendrite fragmentation）、异质形核（heterogeneous nucleation）[1]。晶粒脱离是指熔池周围母材晶粒在焊接过程中被部分熔化，与周围晶粒连接薄弱，在受到熔池液态金属流动冲击时脱离母材，进入熔池成为形核核心。枝晶破碎是指在凝固前沿的枝晶尖端或侧臂由于受热或受力折断脱离进入熔池成为形核核心。异质形核是指金属中高熔点杂质颗粒或第二相在熔池中未被完全熔化而成为形核核心。明晰焊接熔池凝固过程中起主导作用的机制类型，能够对细化焊缝晶粒及数值建模提供指导。

5.1.1 实验原理及方法

为了研究铝合金薄板激光焊接焊缝等轴晶的形核机制，本章采用"重叠焊接"方法[2]，即在待焊试板上预焊一道或重复预焊多道焊缝，并沿预焊焊缝中心线在预焊焊缝上施焊一道激光焊接焊缝，即实验焊缝。需要说明的是，在同一位置重复预焊多道焊缝的目的是实现重熔，熔解焊缝中可能存在的高熔点异质核心。焊接母材试板采用 2 mm 厚的 5083 铝合金试板。采用 GTAW 预焊焊缝，其工艺参数根据实验目的进行调整。激光焊接工艺参数均为：激光功率 2 500 W，焊接速度 45 mm/s，离焦量 0 mm。该方法的实验原理如图 5.1 所示。

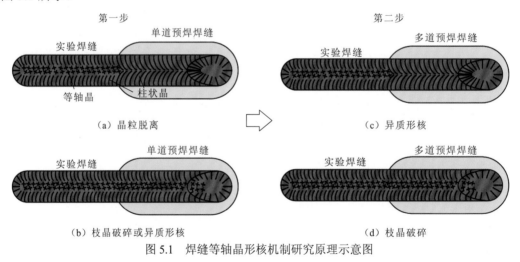

图 5.1 焊缝等轴晶形核机制研究原理示意图

实验焊缝：单道激光焊缝；预焊焊缝：单道或多道电弧焊缝

第一步：判断形核机制是否为晶粒脱离。首先，在待焊试板上预焊一道较宽的焊缝，其主要目的是在焊缝中产生粗大的柱状晶。研究表明，当熔池周围为粗大的柱状晶时，这些粗大的晶粒部分熔化并脱离进入熔池的概率很低，几乎不可能发生[2]。本节采用

GTAW 方法预焊焊缝，具体焊接工艺参数为：焊接速度 5 mm/s，焊接电流 120 A，焊接电压 10.2 V。其次，在确定预焊焊缝由粗大的晶粒组成后，沿预焊焊缝中心线施焊一道激光焊缝，并确保激光焊缝的前半段位于预焊焊缝之外，而后半段位于预焊焊缝之内。如图 5.1（a）所示，如果激光焊缝前半段具有较多细小的等轴晶，而位于预焊焊缝的后半段中无等轴晶或等轴晶数量明显减少，那么等轴晶的形核机制可能为晶粒脱离机制。最后，由于激光焊缝后半段处于预焊焊缝内，其熔池周围晶粒均为粗大的晶粒，这些晶粒部分熔化后脱落到熔池变成形核核心的概率很低，如果晶粒脱离是主要的晶粒细化机制，预焊焊缝内部的激光焊缝内应无等轴晶或等轴晶数量大幅减少。相反，如图 5.1（b）所示，如果预焊焊缝内的激光焊缝仍有较多的细小等轴晶，那么可以认为等轴晶形核机制不是晶粒脱离，而可能是枝晶破碎或异质形核，具体为哪一种需要进一步验证。

第二步：进一步判断等轴晶形核机制是枝晶破碎还是异质形核。首先，在待焊试板上重复预焊多道焊缝，其目的是熔化焊缝中可能存在的高熔点颗粒或第二相，即去除焊缝中可能存在的异质核心。此步骤中预焊的具体焊接工艺参数为：焊接速度 1 mm/s，焊接电流 70 A，焊接电压 9.8 V。其次，与第一步中所述类似，沿预焊焊缝中心线施焊一道激光焊缝。最后，经过多道预焊之后，焊缝中全部或绝大多数可能存在的异质核心被高温熔解，异质形核发生的可能性大大降低。如图 5.1（c）所示，如果激光焊缝前半段中存在大量的等轴晶，而在预焊焊缝内的后半段无等轴晶或等轴晶数量大幅减少，那么等轴晶形核的主要机制可能为异质形核。相反，如果整个激光焊缝内等轴晶数量无明显变化，那么等轴晶形核的主要机制可能为枝晶破碎，如图 5.1（d）所示。

"重叠焊接"实验完成后，取半板厚水平截面上的焊缝微观组织进行表征。采用 SEM 观察焊缝枝晶组织并寻找可能存在的异质形核核心。SEM 试样采用标准的金相试样制备方法制备，并用 Keller 试剂（2.5 mL HNO$_3$+1.5 mL HCl+1.0 mL HF+95 mL H$_2$O）进行腐蚀。试样化学成分利用能谱仪（EDS）进行分析。焊缝及周围母材的晶粒组织结构采用 EBSD 进行测试，EBSD 试样利用离子刻蚀技术制备。为了对相结构进行分析，利用聚焦离子束（focused ion beam，FIB）技术制备 TEM 试样，并用 TEM 对其进行测试。

5.1.2 基于"重叠焊接"方法的等轴晶形核机制

在开始"重叠焊接"实验之前，对单激光焊接焊缝的晶粒组织结构进行分析。图 5.2（a）所示为单激光焊接半板厚水平截面上焊缝晶粒结构的 EBSD 取向图。从图中可以看到，在熔合线附近焊缝柱状晶从母材金属外延生长而出，而在焊缝中心则布满了等轴晶。等轴晶粒的形成表明焊缝中存在潜在的形核核心。如前面所述，这些形核核心可能源于脱落晶粒、枝晶碎片或异质颗粒。

下面利用"重叠焊接"方法研究等轴晶的形核机制。首先，判断形核机制是否为晶粒脱离。通常，当熔池周围晶粒较小时，晶粒在焊接过程中被部分熔化，与周围晶粒连接强度减弱，在受到熔池液态金属流动冲击时可以脱离母材，进入熔池成为形核核心。

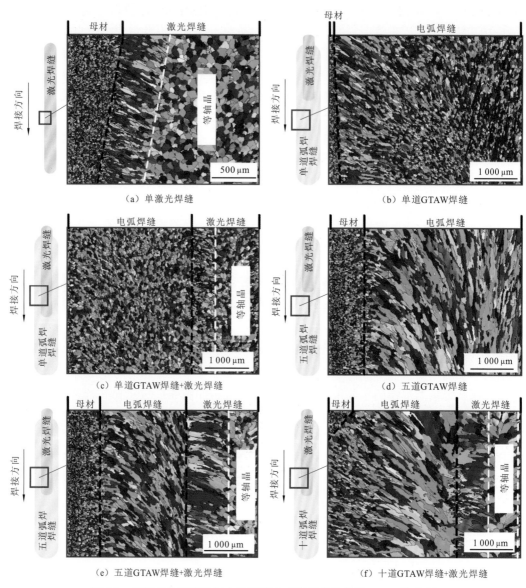

图 5.2　不同条件下半板厚水平截面上焊缝晶粒结构的 EBSD 取向图

图 5.2（b）所示为单道 GTAW 焊缝的晶粒结构。从图中可以看到，焊缝由柱状晶和拉长的等轴晶粒组成。相比于母材晶粒，这些晶粒平均尺寸较大，且由于枝晶组织错综复杂，相互之间结合紧密，不容易发生脱离。因此，当激光焊缝重叠在 GTAW 焊缝上时，晶粒脱离现象将被抑制；换言之，若形成机制为晶粒脱离，重叠部分的激光焊缝将无等轴晶或有较少的等轴晶生成。图 5.2（c）所示为单道 GTAW 焊缝与激光焊缝重叠区域的晶粒结构。从图中可以看到，焊缝中心处等轴晶依然大量存在，表明晶粒脱离不是主要的形核机制。图 5.3 所示为从 EBSD 测试中所统计的焊缝中心等轴晶粒的平均尺寸。重叠区域激光焊缝中心的等轴晶粒平均尺寸为 71.4 μm，略大于单激光焊缝等轴晶的平均尺寸

（63.3 μm）。导致此差异产生的可能原因是 GTAW 焊缝中部分异质颗粒被熔解，后面将对此进行详细介绍。

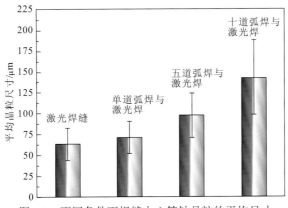

图 5.3 不同条件下焊缝中心等轴晶粒的平均尺寸

其次，进一步判断等轴晶形核机制是枝晶破碎还是异质形核。在这一步骤中，为了充分熔解高熔点异质颗粒，预焊焊缝被反复熔化五次。图 5.2(d) 为反复预焊五道的 GTAW 焊缝的晶粒结构。从图中可以看出，焊缝由粗大的柱状晶组成，其平均尺寸远大于单道 GTAW 焊缝晶粒的平均尺寸（图 5.2（b））。需要注意的是，母材中潜在的异质形核颗粒通常源于铸造过程中为细化晶粒而添加的中间合金[3-4]。通过反复熔化多次，大部分的残留异质颗粒会被熔解。因此，如果异质形核是焊缝等轴晶形核的主要机制，那么重叠部分的激光焊缝中会形成较少的等轴晶，其平均晶粒尺寸也会较大。图 5.2（e）为五道 GTAW 焊缝与激光焊缝重叠部分的晶粒组织结构。显然，相比于单道 GTAW 焊缝与激光焊缝重叠部分的晶粒组织（图 5.2（c）），其等轴晶区的宽度大幅减小，且平均晶粒尺寸大幅增大（97.7 μm），表明等轴晶的形核机制是异质形核而不是枝晶破碎。进一步观察了十道 GTAW 焊缝与激光焊缝重叠部分的晶粒结构，如图 5.2（f）所示，发现等轴晶平均尺寸进一步增大到 143.4 μm，再次证明异质形核是主要形核机制。

5.1.3　异质形核核心物相

上一小节基于"重叠焊接"方法推断出异质形核是等轴晶形核的主要机制。因此，从理论上讲，会在等轴晶的中心观察到异质核心。利用电子显微镜直接寻找异质核心并对其物相进行分析。需要注意的是，相比于等轴晶粒尺寸，异质核心尺寸非常小。当对试样做剖面时，非常少的异质核心会位于剖面上；而且在制样过程中，部分异质核心会掉落，因此不太容易寻找到异质核心。为了寻找异质核心，本小节准备了五个激光焊接试样。通过 SEM 仔细找寻，最终观察到了三个异质核心。随后，对三个异质核心进行了系统的分析，发现它们具有相同的成分和相结构。因此，下面选择其中一个异质核心进行分析讨论。

图 5.4（a）所示为等轴枝晶及其异质核心的 SEM 图像。从图中可以看到，等轴枝晶

有四个一次枝晶臂，上面长满了发达的二次枝晶臂。因为沿各个方向的温度梯度方向并不相同，而且枝晶在沿最大温度梯度方向上生长较快，所以枝晶的原点并不位于其几何中心。另外，在枝晶的原点处发现有一个很小的晶核，如图 5.4（a）红色虚线框所示。晶核的放大图像如图 5.4（b）所示。利用 EDS 面扫描技术测试晶核附近的元素分布情况，如图 5.4（b）右上角插图所示。结果表明，异质核心富含 Ti 元素，其化学成分为 Al-Mg-Ti（Al 质量分数为 4.35%，Mg 质量分数为 7.80%）。值得说明的是，在 EDS 测试过程中，电子束能够影响试样表面以下直径为 2 μm 的区域（束径 80～100 nm，电压 20 kV，电流 11 nA），此影响区域大于异质核心的特征尺寸。因此，EDS 点分析实际反映的是晶核及其周围 Al 基体的化学成分，而不仅是晶核的化学成分。尽管在成分测试时存在一定的误差，但能够确定晶核是富 Ti 化合物。

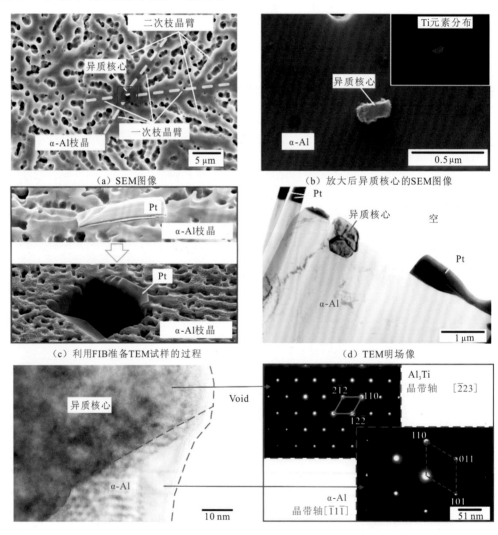

（a）SEM图像

（b）放大后异质核心的SEM图像

（c）利用FIB准备TEM试样的过程

（d）TEM明场像

（e）异质核心和α-Al基体界面处的高分辨TEM图像

（f）异质核心和α-Al基体的选区电子衍射花样

图 5.4 等轴枝晶及其异质核心的 SEM 图像

为了进一步确认晶核物相，采用高分辨 TEM 对晶核进行测试。TEM 试样采用 FIB 技术制备，如图 5.4（c）所示。制备过程：首先，在晶核上部沉积一层 Pt 保护层，其目的是防止晶核被 Ga$^+$离子束破坏；然后，将晶核从试样上切/挖取出来，如图 5.4（c）中下侧图片所示；最后，对带有晶核的试样进行减薄，当试样厚度减薄到 100 nm 以下时，将其取出并放置在铜网上，以备 TEM 测试。图 5.4（d）所示为试样的 TEM 明场像，包括异质核心、Al 基体、残留的 Pt。图 5.4（e）所示为异质核心和 Al 基体界面处的高分辨 TEM。分别对异质核心和 Al 基体进行选取衍射，得到其电子衍射花样，如图 5.4（f）所示。结果表明，异质核心为 D0$_{22}$-Al$_3$Ti 相，基体为 α-Al 相；实际在铸造领域中，Al$_3$Ti 是应用广泛的铝合金变质剂[5]。近期的实验和模拟研究结果均表明，在 Al$_3$Ti（112）晶面上，α-Al 能够很好地进行形核生长。特别是在两相之间发现了严格的取向关系，即 Al$_3$Ti（112）密排面平行于 α-Al（111）密排面，这可以从晶格错配程度理解。在 α-Al（111）晶面中，沿着<110>晶向的原子间距为 0.286 nm，而在 Al$_3$Ti（112）晶面上，其平均原子间距大约为 0.275 nm，二者十分相近。

此外，这些 Al$_3$Ti 异质核心来源值得深究。需要注意的是，本小节采用的 5083 铝合金的名义 Ti 质量分数为 0.10%，低于发生包晶反应所需的最低 Ti 质量分数 0.15%，表明 Al$_3$Ti 在凝固过程中不太可能自发形成。双重成核理论（duplex nucleation theory）是一个广受认可的解释 Al$_3$Ti 形成的理论。该理论指出，Al$_3$Ti 可以在难熔的 TiB$_2$ 颗粒上生长，形成一层包覆层，且在颗粒表面可以发生如下包晶反应：

$$Al_3Ti + Al_l \rightarrow Al_s \tag{5.1}$$

式中：Al$_l$ 和 Al$_s$ 分别为液相 Al 和固相 Al。然而，双重成核理论并不适用于解释本小节中 Al$_3$Ti 的形成，主要原因有两个：首先，在 5083 铝合金中并未发现有 B 元素的存在；其次，测试观察到的是块状 Al$_3$Ti 颗粒，而不是一层很薄的 Al$_3$Ti 覆盖在 TiB$_2$ 颗粒上。在本小节中，Al$_3$Ti 颗粒可能源于铸造过程中添加的富 Ti 中间合金（Ti 质量分数可达 5.0%）。在铸造过程中，在液态铝熔体中加入富 Ti 中间合金，在中间合金形核质点未完全熔解之前进行浇铸，从而达到细化晶粒的效果。在激光焊接过程中，由于升降温速率快、高温停留时间短暂，这些残留的 Al$_3$Ti 颗粒未被熔解，可以在熔池中充当异质核心。

综上，本节通过"重叠焊接"方法证明了铝合金薄板激光焊接熔池凝固过程中等轴晶的形核机制主要为异质形核；进一步通过 EDS 和高分辨 TEM 分析了异质核心的化学成分和物相结构，发现其为 Al$_3$Ti 相。

5.2 考虑晶粒形核的多尺度模型验证

5.1 节的分析表明铝合金薄板激光焊接熔池凝固过程中等轴晶的形核机制主要为异质形核，因此可采用 Thévoz 等[6]提出的连续形核模型描述该异质形核过程。Thévoz 模型的具体介绍见 2.3.1 小节，模型中有三个重要参数控制形核过程，即最大形核密度 n_{max}、形核过冷度平均值 ΔT_N、标准偏差值 ΔT_σ。形核过冷度平均值 ΔT_N 和标准值偏差 ΔT_σ 与材料合金成分和异质核心的类型及尺寸有关。文献[6]中形核过冷度平均值 ΔT_N 和标准值偏差 ΔT_σ 分别取为 5.0 K 和 0.5 K。最大形核密度 n_{max} 与熔池中残余的异质核心数量有关。由于目前没有合适的方法测得 n_{max}，本节通过拟合的方法获得。在焊接工艺参数 $P_L=3\,000$ W 和 $V=120$ mm/s 下，通过对比实验结果与不同最大形核密度下的模拟结果，获得最佳 n_{max} 值。最终，最大形核密度 n_{max} 取为 2×10^{11} m^{-3}。这里需要对最大形核密度的单位进行说明，理论上在进行二维模拟时，最大形核密度的单位应该为 m^{-2}；但是，实际上凝固均发生在一定的体积内，不可能发生在没有体积的二维平面上。因此，其最大形核密度单位为 m^{-3}。为了关联二维模拟与现实中三维凝固过程，可将二维计算域视为一层厚度为一个网格大小的三维计算域，于是最大形核密度的单位可转化为 m^{-3}。

图 5.5 所示为在焊接工艺参数 $P_L=3\,000$ W 和 $V=120$ mm/s 下全焊缝晶粒组织的实验结果与模拟结果对比。图 5.5（a）为全焊缝晶粒组织的 EBSD 测试结果，左侧为母材，右侧为焊缝中心线。从图中可以看到，在熔合线附近焊缝晶粒从母材晶粒外延生长而出，向焊缝内部竞争生长，形成柱状晶组织；在中心线附近，焊缝组织转变成等轴晶组织。图 5.5（b）所示为全焊缝晶粒组织的模拟结果，它与图 5.5（a）所示的实验结果具有类似的晶粒结构，从形貌方面来说，二者吻合良好。进一步对比中心线附近的等轴晶平均尺寸发现，实验测试结果为 36.5 μm，模拟结果为 37.5 μm，二者在定量方面也取得了较高的一致性。

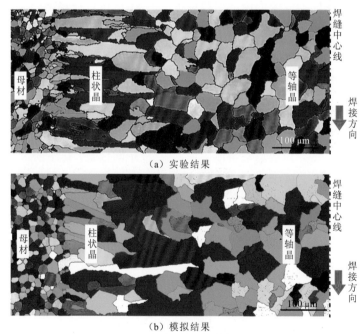

（a）实验结果

（b）模拟结果

图 5.5 全焊缝晶粒组织的实验结果与模拟结果对比

图 5.6 所示为焊缝熔合线和中心线附近枝晶组织的实验结果与模拟结果对比图。图 5.6（a）和（b）分别为 SEM 测试和数值模拟得到的焊缝熔合线附近的微观组织。从图中可以看到，从焊缝熔合线向焊缝内部，凝固形貌依次为平面晶、胞状晶、柱状晶。此处不再具体讨论该演化过程，具体分析可参见第 4 章。图 5.6（c）和（d）分别为 SEM

测试和数值模拟得到的焊缝中心线附近的微观组织。对比发现，二者晶粒均为等轴晶，其形貌非常相似，在一次枝晶臂上生长着发达的二次枝晶。统计并对比平均二次枝晶间距发现，实验结果为 3.9 μm，模拟结果为 3.6 μm，二者吻合较好。

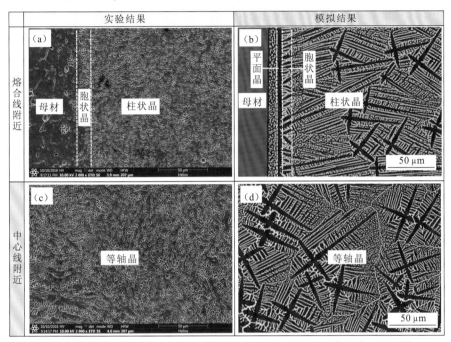

图 5.6　焊缝熔合线和中心线附近枝晶组织的实验结果与模拟结果对比图

　　综上，本节通过对比实验与模拟得到的全焊缝晶粒组织和枝晶组织，证明了激光焊接宏观传热传质与微观枝晶形核–生长多尺度模型的有效性，表明该模型可以用来研究铝合金薄板激光焊接全焊缝凝固微观组织的演化过程，实现焊缝微观组织的定量预测。

5.3　全焊缝熔池凝固微观组织动态演化过程

　　本节将以焊接工艺参数 $P_L = 3\,000$ W 和 $V = 120$ mm/s 为例，研究铝合金薄板激光焊接过程中熔池温度场、溶质场、成分过冷场的动态变化过程，并基于此阐明全焊缝熔池凝固微观组织的动态演化过程。

　　图 5.7 所示为熔池凝固微观组织随时间的演化过程，图中晶粒的颜色代表其晶体取向。图 5.8 为不同时刻下对应的熔池温度场分布，图中颜色代表温度场，黑色实线代表晶粒轮廓。初始时刻（$t = 0$ ms）时，激光作用使材料的温度迅速升高，超过液相线温度（907.46 K），形成熔池，如图 5.7（a）和图 5.8（a）所示。图中左侧为母材，右侧为熔池。随着激光热源的向前移动，熔池凝固界面处温度逐渐降低（图 5.8（b）），焊缝晶粒从母材晶粒以外延生长的形式向熔池内部生长（图 5.7（b））。此时，虽然在柱状晶生长前沿有少量晶粒形核，但凝固组织以柱状晶为主。此外，发现柱状晶生长的一个重要特点是其生长方向偏向于焊接方向，这主要与凝固前沿的最大温度梯度/热流方向有

关。根据晶体生长学理论，由于温度在沿最大温度梯度方向降低的幅度最大，晶体在该方向可以获得更大的生长驱动力，生长较快。随着熔池凝固的继续进行，熔池温度持续降低，如图5.8（c）和（d）所示。凝固前沿继续向熔池内部推进，但是与凝固初期的柱状晶生长不同，此时等轴晶大量形核，凝固组织以等轴晶为主，如图5.7（c）和（d）所示。最终，熔池温度降低到固相线温度（875.67 K）以下（图5.8（e）），熔池凝固结束（图5.7（e）），形成了以柱状晶和等轴晶为主的典型焊缝组织。需要说明的是，焊缝不同部位的凝固组织是以柱状晶为主还是以等轴晶为主与凝固前沿成分过冷层密切相关，这将在本节下一部分内容进行详细讨论。

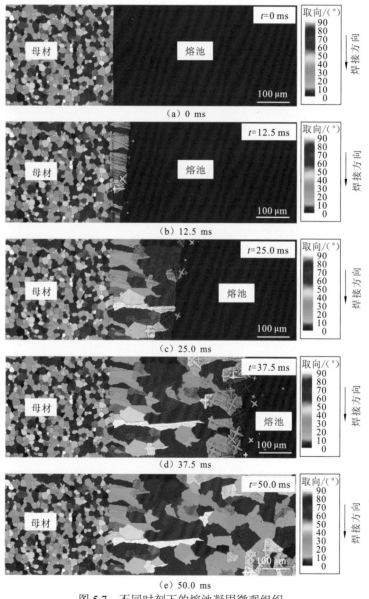

图5.7 不同时刻下的熔池凝固微观组织

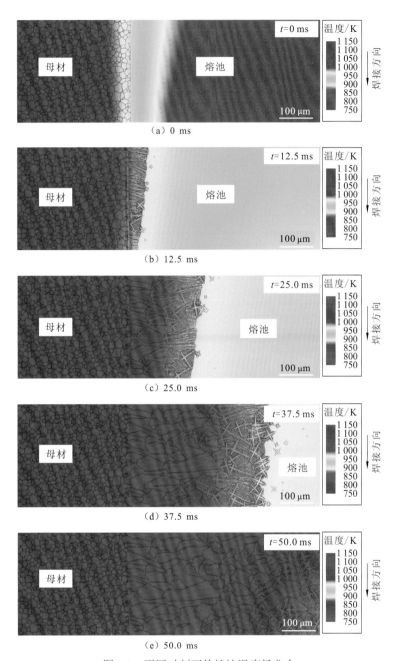

（a）0 ms

（b）12.5 ms

（c）25.0 ms

（d）37.5 ms

（e）50.0 ms

图 5.8　不同时刻下的熔池温度场分布

　　图 5.9 所示为熔池凝固过程不同时刻下的溶质场分布，图中颜色代表溶质浓度，黑色实线代表晶粒轮廓。从图中可以分析出以下几个现象：①在凝固前沿（图中黄色箭头所示）无明显的富溶质边界层；②在凝固前沿的等轴晶周围（图中黑色箭头所示）存在较为明显的富溶质边界层；③焊缝中存在明显的溶质显微偏析行为。下面依次分析这些现象产生的原因。

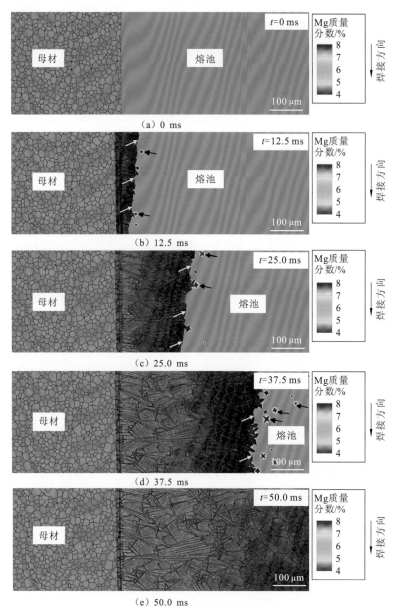

图 5.9　不同时刻下的熔池溶质场分布

　　首先对富溶质边界层厚度进行分析。假定固相中无扩散，液相中有限扩散，同时忽略对流的影响。由于液相中扩散是有限的，凝固时被固相排出的溶质在生长前沿积聚，会形成一个富溶质边界层。通过数学推导分析，稳定状态下的富溶质边界层的成分分布大致为[1]

$$\frac{C_1 - C_0}{\dfrac{C_0}{k} - C_0} = e^{-(R/D_L)Z} \tag{5.2}$$

式中：R 为生长速度；Z 为液相到固液界面的距离。当 $Z=0$ 时，$C_1 - C_0$ 达到最大值

$C_0/k-C_0$；当 $Z=D_l/R$ 时，C_1-C_0 降低到最大值的 1/e。于是，稳定状态富溶质边界层的厚度可以近似为 $\delta\approx D_l/R$。可以看到，富溶质边界层厚度与生长速度 R 成反比，即 R 越大，边界层厚度越小。回顾图 5.8 中熔池温度场的分布特征，可以发现，熔池凝固前沿的温度较低，枝晶生长尖端的过冷度较高，因此生长速度 R 较高，溶质扩散时间较短，来不及扩散，于是边界层厚度较小；与之相比，新形成的等轴晶超前于凝固界面前沿，其所处的温度较高，枝晶生长尖端的过冷度较低，生长速度 R 较低，溶质扩散时间延长，于是边界层厚度较大。

接下来对焊缝中溶质的显微偏析行为进行分析。显微偏析是由凝固过程中的溶质再分配引起的，会导致溶质元素在晶胞或枝晶臂上分布不均匀。从图 5.9 中可以明显看到，枝晶臂上的溶质浓度较高，而枝晶臂间的溶质浓度较低。溶质的显微偏析对焊接过程中的热裂纹和焊后焊缝的力学性能有较大影响。后面将对这种偏析行为进行详细分析。

根据 2.3.1 小节中所述的连续形核模型，凝固前沿成分过冷 ΔT 对形核过程有很大影响。连续形核模型认为，只有当成分过冷存在，即 $\Delta T>0$ 时，等轴晶的异质形核才可能发生。图 5.10 为不同时刻下熔池成分过冷场的分布情况。注意，成分过冷定义为 $\Delta T=T_l(c)-T_{local}$，其中 $T_l(c)=T_0-mc$ 为合金溶质浓度为 c 时对应的液相线温度，m 为液相线斜率，T_{local} 为温度。温度分布如图 5.8 所示，溶质浓度分布如图 5.9 所示。需要说明的是，成分过冷为负数，表示熔体过热，此时形核概率为零。本小节不考虑熔体过热的情况，当 ΔT 小于零时，设定 ΔT 等于零，这对研究等轴晶形核与凝固组织生长没有影响。此外，本小节不考虑固相中的成分过冷，在固相中 ΔT 均设为零。如图 5.10（a）所示，凝固开始时，凝固前沿不存在成分过冷。随着凝固的进行，在枝晶生长前沿形成一层明显的成分过冷层，如图 5.10（b）所示。在成分过冷层内，等轴晶开始形核并生长；但是，成分过冷层范围较小，等轴晶形核的数量较少，而且形核位置更贴近凝固前沿，不能有效阻挡柱状晶生长前沿的推进，因此，此时凝固组织以柱状晶为主。在图 5.10（c）和（d）中，成分过冷层的范围进一步加大，致使等轴晶在凝固前沿形核的数量增多，形核位置也更加广泛，等轴晶可以充分生长，阻挡柱状晶生长前沿的推进，因此凝固组织变成以等轴晶为主。

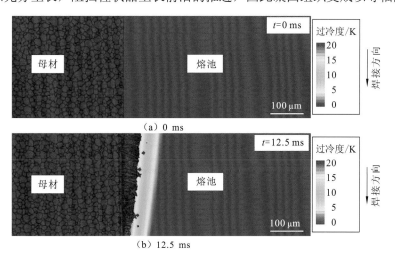

（a）0 ms

（b）12.5 ms

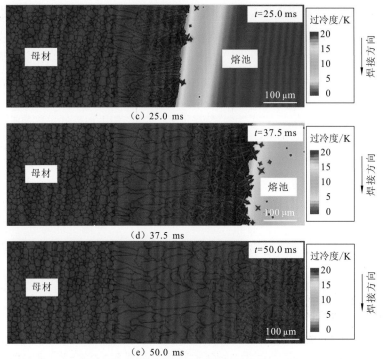

（c）25.0 ms

（d）37.5 ms

（e）50.0 ms

图 5.10　不同时刻下的熔池成分过冷场分布

图 5.11 所示为熔池凝固前沿成分过冷层厚度随时间的变化曲线。由于在 31.25 ms 之后，成分过冷层到达焊缝中心线，再统计厚度无实际意义，该图只考虑在 31.25 ms 时间内的成分过冷层厚度变化。在该时间段内，成分过冷层厚度随时间从 0 μm 增大到 225 μm 左右。根据成分过冷层厚度的变化以及等轴晶形核的数量和位置，可以直观地理解焊缝中的柱状晶和等轴晶的选择性生长行为，即焊缝柱状晶向等轴晶转变行为。

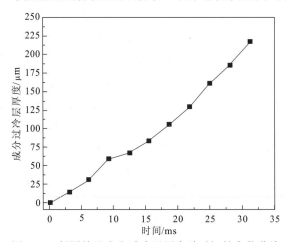

图 5.11　凝固前沿成分过冷层厚度随时间的变化曲线

实际上，凝固前沿成分过冷层厚度的变化可以从第 3 章中提到的凝固参数 G^3/R（G 为温度梯度，R 为生长速度）定性理解，G^3/R 越大，凝固前沿成分过冷层厚度越小，等轴晶形核概率越低，凝固组织生长越倾向于柱状晶生长；反而反之。在焊缝熔合线处，G 较大，R 较小，因此成分过冷层厚度也较小；而在焊缝中心线处，G 较小，R 较大，因此成分过冷层厚度也较大。

综上，本节通过分析熔池凝固过程中温度场和溶质场以及二者共同作用下的成分过冷场的瞬态变化，研究了铝合金薄板激光焊接全焊缝凝固微观组织的动态演化过程，还定量预测了不同时刻下熔池凝固前沿的成分过冷分布，分析了成分过冷层范围与等轴晶形核与生长的关系，阐明了焊缝不同位置的柱状晶和等轴晶的选择性生长行为。

5.4 焊缝溶质元素偏析行为

溶质偏析是指在凝固过程中溶质元素分布不均匀的现象。焊缝中的偏析现象主要包括三种，即显微偏析、区域偏析、层状偏析。显微偏析是指凝固过程中由溶质再分配导致的晶胞与枝晶臂间成分分布不均匀的现象。区域偏析是指熔池凝固过程中，凝固前沿不断向焊缝中心推进，进而将溶质元素或杂质赶向熔池中心，使熔池中心的溶质元素含量或杂质含量比其他部位高的现象。层状偏析是指由温度变化或凝固速度变化而导致的在凝固方向上形成层叠的溶质富集区和贫化区条带的现象。以焊接工艺参数 $P_L = 3\,000$ W 和 $V = 120$ mm/s 为例，分析焊缝中溶质元素的偏析行为。

图 5.12 所示为凝固结束后溶质元素 Mg 在焊缝及邻近母材的分布情况。从图中可以看到，母材中 Mg 元素分布均匀，无溶质显微偏析现象；与之对比，焊缝中存在明显的溶质显微偏析现象，溶质元素在胞晶或枝晶臂中心的浓度低于其界面处的浓度。图 5.13 为胞晶或枝晶臂上发生的显微偏析示意图，图中包含了四个胞晶或枝晶臂。取一个体积元进行分析，该体积元的范围覆盖从晶胞或枝晶臂中心线到晶胞或枝晶臂之间分界的区域，当晶胞或枝晶臂尖端生长到体积元内时，体积元内的凝固过程即开始。当平衡分配系数 $k < 1$ 时，由于溶质元素在固相中的溶解度小于其在液相中的溶解度，在凝固过程中固相不断排除溶质元素。此外，溶质在液相中有限的扩散速度导致在生长前沿形成了一个富溶质边界层。随着凝固的进行，当固液界面上液相和固相的浓度分别为 C_0 和 C_0/k

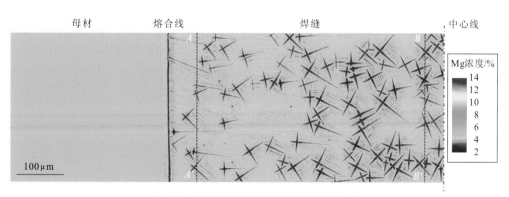

图 5.12 凝固结束后焊缝的溶质元素分布

时，达到一个稳定状态阶段。当剩余液相非常少时，即使固相生长排出少量的溶质也会使液相溶质浓度显著上升，从而溶质更加富集，并导致凝固的固相溶质浓度较高。最终导致胞晶或枝晶臂中心的溶质浓度低于界面处的溶质浓度，如图 5.13 上部的溶质分布曲线所示。

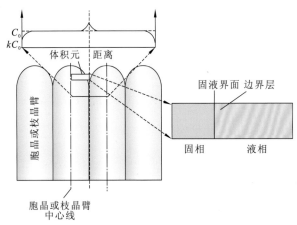

图 5.13　胞晶或枝晶臂上的显微偏析示意图

微观组织的显微偏析行为与凝固时的凝固条件密切相关。在焊缝中，凝固条件随空间位置的变化而变化，因此不同位置的显微偏析行为可能会存在差异。图 5.14（a）所示为溶质元素 Mg 沿图 5.12 中直线 AA'（熔合线附近）和 BB'（中心线附近）的浓度分布。由于显微偏析的存在，溶质浓度沿 AA' 和 BB' 直线波动剧烈，在胞晶或枝晶臂界面处溶质浓度很高，而在胞晶或枝晶臂中心溶质浓度较低。此外，可以直观地看到，溶质浓度沿直线 BB' 的波动幅度大于沿直线 AA' 的波动幅度，说明两处的显微偏析程度存在差异。为进一步分析溶质分布曲线的差异，利用快速傅里叶变换（fast Fourier transform，FFT）对图 5.14 中溶质分布曲线进行频谱分析。如图 5.14（b）所示，横轴为空间频率，纵轴为幅值。空间频率表示在单位长度上正弦分量（由傅里叶变换决定）出现的次数。从图中可以看到，相对于 AA' 浓度分布曲线的频谱，BB' 浓度分布曲线频谱的幅值较大，表明沿 BB' 曲线溶质浓度分布更为不均匀，偏析程度更高。图 5.15（a）为 EPMA 测试得到的溶质元素在熔合线和中心线附近的浓度分布曲线，其变化趋势与图 5.15（a）模拟结果相近，故不再赘述。需要注意的是，EPMA 测试得到的浓度分布曲线更加平滑，且其最高峰值浓度低于模拟得到的最高峰值浓度，这主要是因为 EPMA 测试时，电子束斑点直径为微米量级，最小微区范围为 $1 \sim 100~\mu m^3$，测试所得的某一点的成分其实是周围一定体积范围内的平均成分。图 5.15（b）所示为图 5.15（a）中浓度曲线的 FFT 频谱分析，其分布特征与图 5.14（b）相似，表明在焊缝中心附近的显微偏析程度高于熔合线附近的显微偏析程度。

焊缝中心线与熔合线附近显微偏析程度不同的原因可以从图 5.16 中理解。图 5.16（a）为凝固过程某个瞬态的温度场分布，图 5.16（b）为相应的浓度场分布。从图中可以明显看出，相比于熔池凝固前沿，新形成的等轴晶位置更靠近熔池内部，其温度更高

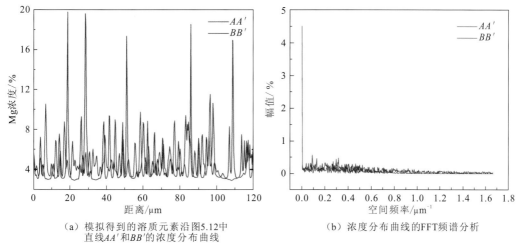

（a）模拟得到的溶质元素沿图5.12中
直线 *AA'* 和 *BB'* 的浓度分布曲线

（b）浓度分布曲线的FFT频谱分析

图 5.14 直线 *AA'* 和 *BB'* 的浓度分布曲线及其 FFT 频谱分析

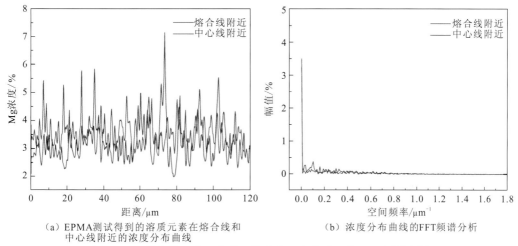

（a）EPMA测试得到的溶质元素在熔合线和
中心线附近的浓度分布曲线

（b）浓度分布曲线的FFT频谱分析

图 5.15 熔合线和中心线附近的浓度分布曲线及其 FFT 频谱分析

（图 5.16（a）），这导致等轴晶周围的富溶质边界层的厚度更大（图 5.16（b））。前面分析已经表明，富溶质边界层厚度与晶体生长速度有关。固液界面温度越低，其过冷程度越大，生长速度越快，溶质元素扩散时间越短，富溶质边界层厚度越薄；反而反之。富溶质边界层越厚，在凝固后期剩余液相中的溶质浓度越高，显微偏析程度也就越高。通过以上分析，可以解释为什么焊缝中心线附近的等轴晶组织的显微偏析程度大于熔合线附近的柱状晶组织的显微偏析程度。

接下来对焊缝中可能存在的区域偏析和层状偏析行为进行分析。图 5.17 所示为从母材到焊缝中心线的平均溶质浓度分布曲线，横坐标为距母材左边界的距离，纵坐标为高度方向的平均溶质浓度。从图中可以看到，母材溶质浓度稳定在初始浓度 4.5%，焊缝溶质浓度虽有波动，但平均溶质浓度依然维持在 4.5%，未发现明显的区域偏析现象。注意，在曲线最右端，溶质浓度突然上升，这是由于模拟设置的边界条件所致。模拟时，为了减小计算量，将焊缝中心线设置为对称边界条件，造成了溶质元素在附近几层网格区域

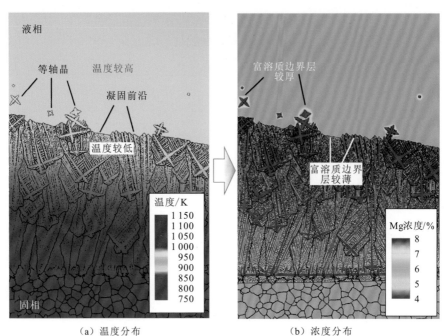

（a）温度分布　　　　　　　　　　　（b）浓度分布

图 5.16　凝固过程中的瞬态分布和浓度分布

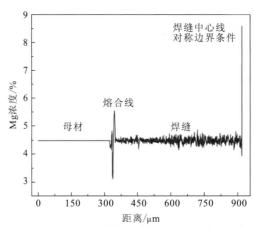

图 5.17　从母材到焊缝中心线的平均溶质浓度分布

内溶质的累积，局部浓度急剧上升。由于其作用区域很小，并不影响整体计算结果。焊缝中未出现明显区域偏析的主要原因是，焊接熔池凝固前沿枝晶生长较快，溶质来不及扩散，从而未能把溶质元素"赶向"熔池中心。

　　此外，在熔合线附近发现了溶质浓度较为剧烈的起伏现象，从母材到焊缝，平均溶质浓度从 4.5%开始，先上升后下降，然后维持在 4.5%。这种现象与熔合线附近的平面晶生长有关。在熔合线附近，由于温度梯度大，生长速度小，凝固以平面晶的形式生长。由于溶质的再分配，凝固固相的溶质浓度低于平均浓度 4.5%，形成了一个低浓度区；同时，在凝固界面的液相中排出了大量的溶质元素，造成了溶质元素的累积，形成了一个高浓度区；在此之后，凝固组织以胞状晶或树枝晶生长，不再出现这种明显的分层现象。

这种现象在实验中得到了验证，图 5.18 所示为在焊缝熔合线附近 EPMA 测试得到的溶质元素分布图。从图中可以看到，从母材到焊缝的熔合线区域，先出现了一个低浓度区，后出现了一个高浓度区。

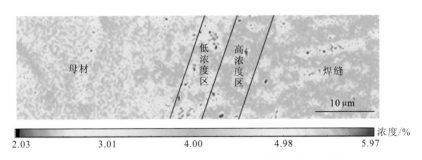

图 5.18　熔合线附近 EPMA 测试得到的溶质元素分布

综上，本节对全焊缝中溶质元素偏析行为进行了分析，得出结论：①由于焊接冷却速度较快，凝固前沿推进速度快，溶质元素来不及扩散，未能将溶质元素"赶向"熔池中心，不存在明显的区域偏析行为；②由于平面晶生长，在熔合线附近存在相邻的一层高溶质浓度区域和一层低溶质浓度区域，出现类似层状偏析的行为；③焊缝中存在明显的显微偏析现象，且不同部位的显微偏析程度不同，由于凝固前沿新形成的等轴晶所处的温度较高，过冷度较低，生长速度较慢，富溶质边界层较厚，焊缝中心等轴晶区域的显微偏析程度高于熔合线附近的柱状晶区域的显微偏析程度。

5.5　异质核心数量密度对全焊缝凝固微观组织的影响

5.1.2 小节基于"重叠焊接"方法证明了异质形核是焊缝等轴晶的主要形核机制。异质形核机制中，异质核心数量密度，即单位体积内异质核心的数量，对焊缝微观组织影响很大。Schempp 等[7]研究表明，在 TIG 焊缝中加入少量的细化剂可大大改善焊缝的晶粒结构形貌，细化焊缝晶粒。在 Thévoz 等[6]提出的连续形核模型中，异质核心数量密度等价于最大形核密度 n_{max}。因此，本节将主要研究最大形核密度 n_{max} 对全焊缝凝固微观组织演化的影响。

图 5.19 所示为不同最大形核密度 n_{max} 下熔池在 37.5 ms 时的成分过冷场分布。通过对比发现，当最大形核密度从 1×10^{11} m^{-3} 增大到 5×10^{11} m^{-3} 时，熔池凝固前沿等轴晶形核的数量明显增加，这是因为最大形核密度的增大意味着相同过冷度下形核概率增大，相同体积内等轴晶形核数量增加。此外，随着最大形核密度的增大，熔池凝固前沿更靠前，凝固前沿的成分过冷程度和区域均有所降低。上述现象将对全焊缝的微观组织演化产生重要影响。

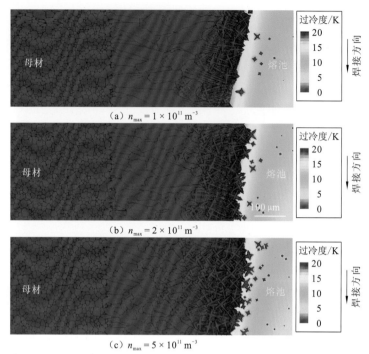

图 5.19 不同最大形核密度 n_{max} 下熔池在 37.5 ms 时的成分过冷场分布

图 5.20 所示为不同最大形核密度 n_{max} 下模拟得到的全焊缝微观组织。从图中可以看到，随着最大形核密度的增大，焊缝柱状晶区的宽度明显减小；与此同时，柱状晶的平

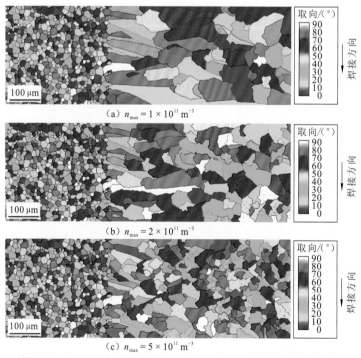

图 5.20 不同最大形核密度 n_{max} 下模拟得到的全焊缝微观组织

均晶粒尺寸也大幅减小。其主要原因是，随着最大形核密度的增大，凝固前沿等轴晶形核概率增大，新形成的等轴晶数量增加，位置也更超前于凝固前沿，等轴晶更容易阻挡柱状晶的生长，从而使柱状晶区的宽度减小，柱状晶平均尺寸减小。另外，随着最大形核密度的增大，等轴晶区的宽度增大，同时等轴晶的平均晶粒尺寸也会明显减小。

图 5.21 所示为统计得到的不同最大形核密度 n_{max} 下焊缝等轴晶区等轴晶的平均晶粒直径。当最大形核密度从 1×10^{11} m^{-3} 增大到 2×10^{11} m^{-3} 和 5×10^{11} m^{-3} 时，焊缝中等轴晶的平均晶粒直径从 47.4 μm 减小到 38.9 μm 和 26.2 μm；即当最大形核密度从 1×10^{11} m^{-3} 增大到 5×10^{11} m^{-3} 时，焊缝中等轴晶的平均晶粒直径约减小 45%。

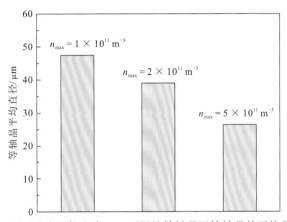

图 5.21　不同最大形核密度 n_{max} 下焊缝等轴晶区等轴晶的平均晶粒直径

综上，本节基于多尺度模型研究了最大形核密度对全焊缝微观组织的影响，发现增大最大形核密度可以显著缩减柱状晶区、扩大焊缝等轴晶区、细化焊缝晶粒。特别是当最大形核密度从 1×10^{11} m^{-3} 增大到 5×10^{11} m^{-3} 时，焊缝中等轴晶的平均晶粒直径约减小 45%。

本章参考文献

[1] KOU S. Welding metallurgy[M]. 2nd ed. Hoboken: John Wiley & Sons, Inc., 2003: 431-446.

[2] KOU S, LE Y R. Nucleation mechanisms and grain refining of weld metal[J]. Welding Journal, 1986, 65(12): 65-70.

[3] WANG F, ESKIN D, MI J W, et al. A refining mechanism of primary Al3Ti intermetallic particles by ultrasonic treatment in the liquid state[J]. Acta Materialia, 2016, 116: 354-363.

[4] FAN Z, WANG Y, ZHANG Y, et al. Grain refining mechanism in the Al/Al-Ti-B system[J]. Acta Materialia, 2015, 84(1): 292-304.

[5] MURTY B S, KORI S A, CHAKRABORTY M. Grain refinement of aluminium and its alloys by heterogeneous nucleation and alloying[J]. International Materials Reviews, 2002, 47(1): 3-29.

[6] THÉVOZ P, DESBIOLLES J L, RAPPAZ M. Modeling of equiaxed microstructure formation in casting[J]. Metallurgical Transactions: A, 1989, 20(2): 311-322.

[7] SCHEMPP P, CROSS C E, PITTNER A, et al. Solidification of GTA aluminum weld metal, Part 1: Grain morphology dependent upon alloy composition and grain refiner content[J]. Welding Journal, 2014, 93(2): 53-59.

第 6 章

磁场作用下铝合金激光焊接
微观组织演化

　　铝合金激光焊接过程中，熔池和小孔在复杂的作用力下处于动态变化过程中，随着热源的连续移动，熔池后部迅速冷却凝固，由于温度和组分存在差异性，晶体固液界面产生一定程度的热电流。施加磁场后，熔池内运动的金属液体与磁场相互作用产生洛伦兹力，改变熔池的流动状态，从而影响熔池的热质传递过程；而晶体固液界面产生的热电流与磁场相互作用产生的热电磁力改变晶体生长过程的溶质分布，进而影响凝固组织及焊缝性能。本章将在前人研究成果[1-7]的基础上，先进行磁场对铝合金熔池流动的影响分析，然后进行磁场对熔池凝固过程中晶体形貌及溶质分布的影响分析。

6.1 外加辅助磁场激光焊接实验及数值模拟参数

6.1.1 实验材料、设备及方法

选用 2A12-T4 态铝合金为实验材料,焊接方式为平板堆焊和对接焊。为节省实验材料,在研究磁场对焊缝横截面形貌的影响时,采用平板堆焊方式;在研究磁场对焊缝拉伸性能影响时,采用对接焊方式。实验材料的主要化学成分见表 6.1。

表 6.1 2A12 铝合金的部分化学成分

元素	Cu	Mg	Mn	Fe	Si	Zn	Ti	Al
质量分数/%	3.92	1.08	0.62	≤0.5	≤0.5	≤0.3	≤0.15	余量

实验中搭建的磁场辅助激光焊接移动平台包括光纤激光器、焊接机器人、激光焊接头、磁场施加平台、试件装夹平台。为了观察焊接过程熔池流动行为和小孔开口演化情况,采用高速摄像机在焊接过程中对熔池上表面进行拍摄,拍摄帧率可以根据实验需要进行设置,本实验中设置为 5 000 f/s。磁场辅助光纤激光焊接实验及高速摄像集成平台如图 6.1 所示。

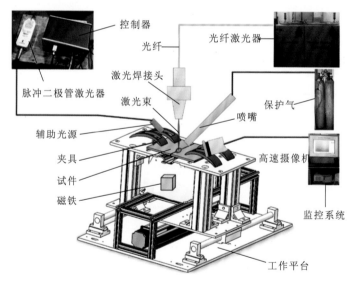

图 6.1 磁场辅助激光焊接实验平台示意图

试件装夹于图 6.1 所示移动平台上,磁场通过置于工作台底部的永磁铁施加,通过调整永磁铁上表面与试件表面的距离来调节工件表面的磁感应强度大小,磁场的方向通过调整磁极来调节,采用高精度特斯拉计(型号 HT201)测量试件表面焊接部位磁感应强度的大小。采用的磁铁为 N52 型 NdFeB 永磁体,尺寸为 50 mm×50 mm×50 mm,表面磁场强度可达 624 mT。为清楚焊接过程中熔池内部的磁场分布,采用验证后的数值模型计算磁感应强度分布。

　　采用高速摄像机拍摄焊接过程中熔池上表面和小孔开口形貌的演化，有利于理解磁场对熔池流动行为的影响。采用旁轴方式拍摄，摄像机镜头轴线与水平面的夹角为67°。为避免高速相机与熔池相对运动引起拍摄角度变化，导致对熔池和小孔定量分析产生误差，采用工件移动、激光束保持静止的方式进行焊接，通过控制平台的移动速度来控制焊接速度。

　　采用侧吹氩气保护避免焊缝氧化，保护气喷嘴轴线和焊接方向都在竖直平面内，夹角为45°，保护气流量为25 L/min。激光焊接头内的光学镜片采用压缩空气气帘保护。为了避免试件表面的油污、氧化膜影响焊接质量，需在焊前对试件进行预处理，采用砂纸或钢丝刷打磨试件表面去除氧化膜，采用酒精清洗工件表面去除油污。实验中为方便观察磁场对熔深的影响，采用非熔透焊方式，结合试件厚度，确定采用激光功率3 kW，焊接速度1.8 m/min，磁场强度0～420 mT。

6.1.2　数值模拟参数

　　由于材料的高温物理性能很难获得，本节中材料部分物性参数来自文献，部分物性参数采用JMatPro软件进行计算后取其均值，物性参数见表6.2。焊接过程中激光功率为3 000 W，离焦量为0 mm，焊接速度为1.8 m/min，焊接热输入为100 J/mm。实验中施加最强磁场为420 mT。

表 6.2　2A12 铝合金的物性参数

物理性能	符号	值	单位
纯铝的熔点	T_m	933.6[8]	K
质量密度	ρ	2 700[8]	kg/m³
蒸发温度	T_v	2 700[9]	K
表面张力系数	γ	0.871	N/m
热毛细力系数	$\partial\gamma/\partial\Gamma$	-1.55×10^{-4}[9]	N/（m·K）
固相电导率	κ_s	1.3×10^{7}	S/m
液相电导率	κ_l	4.6×10^{6}	S/m
固相热导率	λ_s	210	W/（m·K）
液相热导率	λ_s	90	W/（m·K）
固相线温度	T_l	859.3	K
液相线温度	T_s	923.2	K
液态金属黏度	μ	1.54×10^{-3}	Pa·s
比热容	c_p	1 450	J/（kg·K）
熔化潜热	L	3.97×10^{7}	J/kg

数值模拟计算域及网格划分如图 6.2 所示，为了研究熔池上表面的波动情况，需要将其设为自由表面，计算域分为上部的气体层区域和下部的试件区域。考虑到焊缝关于焊接方向的中心面对称，为了提高计算效率，合理利用计算资源，取整个计算域的一半进行数值模拟。计算域尺寸为 8 mm×3 mm×5 mm，其中上部气体层厚度为 1.2 mm，下部试件厚度为 3.8 mm。采用六面体网格均匀划分，网格尺寸为 0.1 mm，划分后网格总数为 120 000 个。

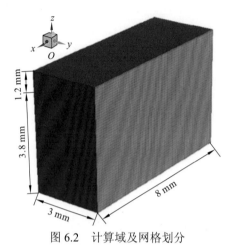

图 6.2　计算域及网格划分

6.2　磁场对激光焊接熔池流动行为的影响

6.2.1　铝合金激光焊接过程中熔池流动行为及其数值模拟

为了与磁场作用下熔池流动行为进行对比，同时验证所建熔池流动模型的准确性，本节将首先观察并分析未施加磁场时熔池的流动行为，然后模拟熔池的流场和温度场分布，最后对模拟结果进行实验验证。

1. 铝合金激光焊接过程中熔池上表面流动状态

利用高速摄像机拍摄焊接过程中熔池上表面形貌演化过程。图 6.3 为焊接过程中熔池上表面某一时刻的图像，由于熔池、小孔、焊缝反射率存在差异性，可以清楚地区分这些区域，熔池较暗且表面比较光滑，熔池中间亮白色区域为小孔，熔池后方为焊缝，其鱼鳞纹清晰可见。图中用白色实线描出熔池和小孔的轮廓，小孔前沿和两侧的熔池层较窄，小孔后部熔池形成拖尾，熔池最宽的位置出现在小孔后部；同时观察到焊接过程中伴随着飞溅的产生。

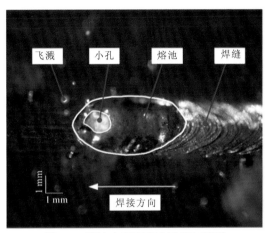

图 6.3 熔池上表面和小孔开口形貌

图 6.4 所示为激光功率为 3 000 W，焊接速度为 1.8 m/min，焊接达到准稳态后，由高速摄像系统获得的一组熔池上表面和小孔开口形貌的序列图像。焊接方向如图中白色箭头所示，在 t_0 时刻，小孔开口比较规则，近似圆形；熔池表面平坦，没有波浪式流动，激光束可以顺利地进入小孔作用到小孔壁面上，使小孔内的能量密度增加，激光与材料的作用增强，金属蒸气/等离子体增加，小孔内蒸气压力增加。光纤激光焊接过程中，与金属蒸气相比，等离子体的量较少[7]，下面为叙述方便将金属蒸气/等离子统称为金属蒸气。

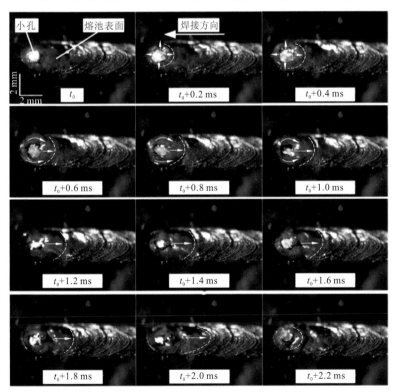

图 6.4 无磁场作用时熔池表面和小孔开口形貌演化

在 $t_0+0.2$ ms 和 $t_0+0.4$ ms 时刻，由于小孔壁面处液态金属的剧烈蒸发，小孔内的蒸气压增大，孔内大量的金属蒸气向外喷发，小孔开口增大。在热毛细力、蒸气压力、蒸气与液体之间的摩擦力的综合作用下，小孔壁面周围的液态金属由小孔下部向开口处流动，使小孔开口边缘附近的液态金属明显高出 t_0 时刻的熔池表面，形成突出的液面。图中白色虚线所示为凸出的液态金属与前一时刻熔池表面的分界线。凸出的液态金属在重力、热毛细力、表面张力、蒸气压力的作用下向四周流动，流动方向如图 6.4 中箭头所示。

随着焊接过程的进行，凸出的液态金属在上述力的综合作用下向四周流动铺展，其与熔池表面的分界线向周围延伸。由于小孔前沿和两侧的液态金属层较薄，在这些位置的液态金属先到达熔池的边缘，与熔池边缘固相发生相互作用后改变流动方向。在 $t_0+0.6$ ms 时刻，熔池前部反向流动的液态金属沿着小孔两侧流向熔池后部，与向后流动的液态金属汇合。随着凸出的液态金属向周围流动铺展，小孔内部的金属蒸气压力得到释放，小孔界面的受力状态发生变化；在表面张力、热毛细力、流体动压力、静压力的作用下，小孔的开口减小，如图 6.4 中 $t_0+1.0$ ms 时刻所示。当向后流动的液态金属到达熔池后部边缘处，整个熔池表面恢复到比较平坦的状态，如图中 $t_0+2.0$ ms 时刻所示，小孔的形状也逐渐演化为近似规则的圆形。从 $t_0+2.2$ ms 时刻开始，进入下一个周期。

在连续焊接过程中，上述演化过程周而复始，使小孔开口周期性地增大、减小，小孔开口形状周期性地由规则到不规则，同时熔池上表面呈现出有规律的波浪式起伏流动，凝固后焊缝呈现出鱼鳞纹形貌。在该焊接工艺参数下，达到动态稳定后，熔池和小孔的波动周期约为 2 ms，通过波浪前沿的推移速度可以粗略地估计熔池的向后流动速度约为 0.9 m/s。

2. 铝合金激光焊接过程中熔池流动数值模拟

基于第 2 章建立的熔池流动模型，对未加磁场时熔池的流动行为进行数值模拟研究。图 6.5 所示为 $P=3\,000$ W，$V=1.8$ m/min，达到准稳态后熔池三维视图、上表面、横截面、纵截面的温度场和流场分布的数值模拟结果。图中黑色实线为液相分数为 0.5 的等值线，用来表示熔池轮廓。从图中可以看到，小孔前部和两侧熔池层较窄，后部熔池区域较大，液态金属在热毛细力、表面张力的作用下从小孔边缘向周围流动，这一现象与图 6.4 中高速摄像观察到的熔池流动现象基本吻合。

从图 6.5（b）和（c）可以看到，在浮力、热毛细力、蒸气压力的作用下，小孔壁面附近的液态金属向上流动并向周围散开，在固液界面附近，液态金属向下流动，由于流动的连续性，在竖直方向形成涡流。熔池内部最大流动速度约为 0.82 m/s，与高速摄像评估的熔池最大流动速度相近，与文献[2]和文献[10-13]中计算的熔池流动速度的数量级一致。熔池中部速度较高，边缘速度较低，其主要原因是熔池边缘的黏滞阻力使流体减速。从图 6.5（c）和（d）可以看到，熔池上表面明显高于工件表面，在小孔开口处附近形成凸起的液面。

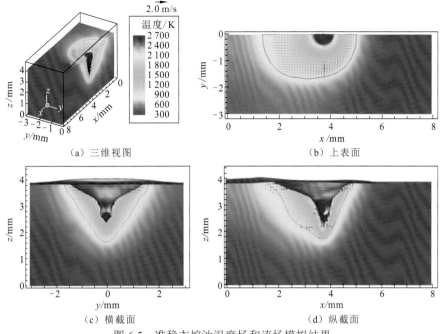

（a）三维视图 （b）上表面

（c）横截面 （d）纵截面

图 6.5　准稳态熔池温度场和流场模拟结果

图 6.6 所示为激光焊接过程中气液自由界面演化行为。在焊接起始阶段，由于反冲压力的作用小孔逐渐形成，小孔壁面附近的金属液体受到挤压向上流动，在小孔开口处形成凸起的气液界面，与高速摄像观察到的液面凸起的现象一致；随着小孔的形成，有更多的光束能量分布于小孔的下部，小孔下部反冲压力增加，小孔深度增加。随着小孔深度的增加，小孔壁面面积增加，在壁面上分布的能量密度减小，蒸发减弱，反冲压力减小，在 $t=10$ ms 以后，小孔的深度不再增加，在一定深度内动态变化，熔池上表面处于动态变化中。

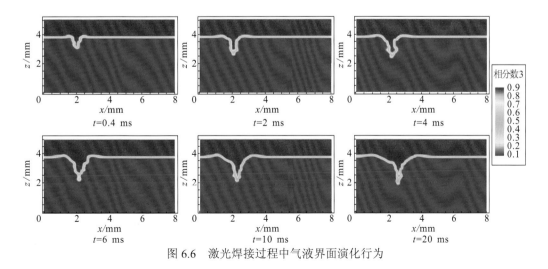

$t=0.4$ ms $t=2$ ms $t=4$ ms

$t=6$ ms $t=10$ ms $t=20$ ms

图 6.6　激光焊接过程中气液界面演化行为

图 6.7 所示为小孔壁面处液态金属温度场和流场分布模拟结果。为方便展示，图中仅显示了液相分数为 0.8 的等值面及等值面上的温度和流动速度分布，隐藏了计算域的其他部分。从图中可以看到，小孔下部温度较高，上部温度相对较低，其主要原因是激光束沿着小孔到达下部使熔池底部能量分布较多，这一现象与文献[14]和文献[15]比较一致。由于温度分布的差异，在气液界面存在从高温区向低温区的热毛细流动，在小孔壁面附近，液态金属沿界面向熔池上部流动，在小孔开口处形成液态金属堆积，这与实验中高速摄像观察到的小孔开口处液态金属堆积现象一致。同时，当小孔壁面某一位置出现凸起时，由于反冲压力的作用，在此位置会出现液态金属沿壁面法向进行运动的现象。

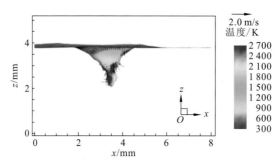

图 6.7 小孔壁面处液态金属温度场和流场分布模拟结果

通常，通过比较相同工艺下模拟与实验获得的焊缝横截面形貌、熔深、熔宽来验证模型的准确性，如图 6.8 所示。实验焊缝横截面上部存在轻微凹陷，主要是由飞溅的液态金属填充不足引起的。模拟结果与实验结果焊缝熔深、熔宽、腰宽吻合较好，酒杯状形貌基本一致，表明本小节建立的熔池流动模型能够比较准确地模拟激光焊接过程中的温度场和流场分布。但是应该注意到，实现结果与模拟结果也存在一些差异，其主要原因是数值模型进行了一些假设和简化，材料的真实热物性参数与模拟中采用的存在差异等，这也是数值模拟面临的挑战。然而，本小节建立的熔池流动模型模拟结果与现有文献比较一致，同时与实验结果比较吻合，适用于磁场作用下的熔池流动状态的研究。

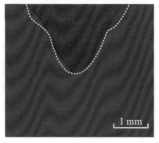
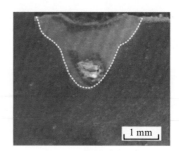

（a）模拟结果　　　　　　　　（b）实验结果

图 6.8 模拟与实验的焊缝形貌对比

6.2.2 磁场作用下铝合金激光焊接熔池流动行为及其数值模拟

6.2.1 小节分析了未施加磁场时熔池的流动行为，并模拟了熔池中流场和温度场的分布，验证了所建立的熔池流动模型的准确性。本小节将在保持其他参数不变，仅施加一定磁场的情况下，观察并分析磁场作用下熔池流动的变化，模拟磁场对熔池流场和温度场的影响，并进行相应的实验验证。

1. 磁场作用下铝合金激光焊接过程中熔化区磁感应强度分布

为研究磁场对熔池流动行为的影响，首先需要分析焊接过程中熔池区域的磁感应强度分布。实验中采用置于试件底部的永磁铁向熔池区域施加磁场，通过调节永磁铁上表面与试件下表面之间的距离来调整熔池区域磁感应强度的大小，利用高精度特斯拉计测量试件上表面的磁感应强度。但是，特斯拉计只能测量试件表面的磁感应强度，无法测量试件内部的磁感应强度。为清楚磁场作用下试件内部磁感应强度的分布情况，更好地分析磁场对熔池流动的影响，采用数值方法模拟试件内部和表面的磁感应强度，将试件表面磁感应强度的测量值与模拟结果对比，验证模拟模型的准确性，并用验证的模型评估试件内部的磁感应强度分布情况。

采用麦克斯韦方程求解整个系统的磁感应强度分布，其控制方程表示为

$$\begin{cases} \nabla \cdot \boldsymbol{D} = \rho \\ \nabla \cdot \boldsymbol{B} = 0 \\ \nabla \times \boldsymbol{H} = \boldsymbol{J} + \dfrac{\partial \boldsymbol{D}}{\partial t} \\ \nabla \times \boldsymbol{E} = -\dfrac{\partial \boldsymbol{B}}{\partial t} \end{cases} \tag{6.1}$$

式中：$\boldsymbol{D}$ 为电位移矢量；ρ 为电荷密度；$\boldsymbol{B}$ 为磁感应强度；$\boldsymbol{H}$ 为磁场强度；$\boldsymbol{J}$ 为电流密度；$\boldsymbol{E}$ 为电场强度。本小节实验及计算中施加的磁场为稳恒磁场，没有外加电场，故上述方程可简化为

$$\begin{cases} \nabla \cdot \boldsymbol{B} = 0 \\ \nabla \times \boldsymbol{H} = 0 \end{cases} \tag{6.2}$$

为方便求解磁场强度，引入磁标量势 φ_H，即

$$H = -\nabla \varphi_H \tag{6.3}$$

将方程（6.3）代入方程（6.2）得到

$$\nabla^2 \varphi_H = 0 \tag{6.4}$$

再利用磁场强度与磁感应强度之间的关系求解系统的磁感应强度分布：

$$\boldsymbol{B} = \mu_B \boldsymbol{H} \tag{6.5}$$

式中：μ_B 为对应材料的磁导率。

模拟磁感应强度的计算域如图 6.9（a）所示，整个计算域分为试件、空气、磁铁区域。试件尺寸为焊接过程中采用的实际尺寸，同时需要考虑磁铁与试件之间的空气间隙，

磁铁和试件周围的空气区域。在该计算中,试件下表面与磁铁上表面之间的间隙为 2 mm。计算域的外围空气层边界为零诺依曼(Zero-Neumann)边界条件,磁铁、试件、和空气区域界面的边界条件为

$$
\begin{cases}
\boldsymbol{H}_n^i = \boldsymbol{H}_n^j \\
\boldsymbol{H}_\tau^i = \boldsymbol{H}_\tau^j
\end{cases}
\tag{6.6}
$$

式中:上标 i 和 j 分别为不同的子计算域;下标 n 和 τ 分别为界面的法向和切向。

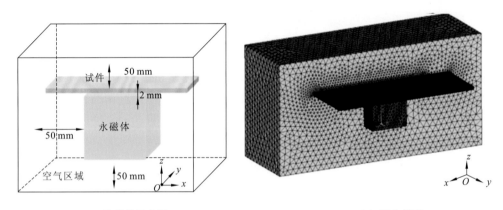

(a)计算域示意图   (b)网络模型

图 6.9 模拟磁感应强度分布的计算域示意图及网格模型

采用四面体网格对计算域进行划分,为提高计算效率并保证计算精度,采取局部网格加密,网格划分如图 6.9(b)所示,网格数量为 137 万。采用商业软件 ANSYS 17.2 进行数值计算,选用 SOLID 96 单元,应用磁标量法。因为实验材料为铝合金,磁导率很小,计算中试件区域和空气区域的磁导率设为真空磁导率,其值为 $\mu_B = \mu_B = 4\pi \times 10^{-7}$ T·m/A。

图 6.10 为试件上表面磁感应强度大小的模拟结果。图 6.10(a)中黑色虚线方框表示磁铁的上表面轮廓范围,红色实线框内区域表示实验中焊缝所在的区域,红色虚线为上表面的水平中线。图 6.10(a)中模拟结果表明,试件中心约 30 mm×30 mm 区域内磁感应强度呈均匀分布。在磁铁轮廓覆盖区域外,磁感应强度随着离中心的距离增大急剧减小,这一规律在图 6.10(b)中也能看出。图 6.10(b)所示为沿图 6.10(a)红色虚线上磁感应强度分布,同样可以看到,上表面中心 30 mm 范围内磁感应强度曲线成水平直线,即磁感应强度大小不变。如图 6.10(b)所示,为了验证模拟结果的准确性,将工件上表面水平中线上的磁场感应强度测量值与数值计算结果对比,数值计算结果与实验结果基本吻合,验证了模型的准确性。

在后续模拟中,熔池内部的磁感应强度值采用上述数值模型的计算结果。在 6.2.1 小节中,通过高速摄像获得的准稳态熔池区域的尺寸在 5.75 mm×2.67 mm 范围内,故在该工艺条件下磁感应强度稳定区域足够覆盖熔池区域,且在焊接过程中,激光束与磁铁相对位置不变,试件随着平台移动,即熔池相对于磁场的位置不变,因此可以认为,在焊接过程中熔池区域同一平面内的磁感应强度稳定不变。

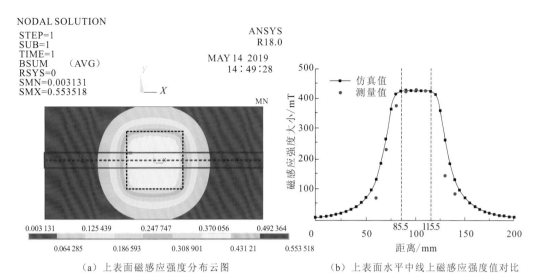

（a）上表面磁感应强度分布云图　　　（b）上表面水平中线上磁感应强度值对比

图 6.10　试件上表面磁感应强度大小分布

试件高度方向磁感应强度分布如图 6.11 所示。从图中可以看到，磁感应强度在试件高度方向的分布稍有差别。如图 6.11（b）所示，磁感应强度在工件上、下表面的差别约为 50 mT，高度方向呈曲线分布。在后续章节的模拟中，当磁铁上表面与试件的上表面距离一定时，认为熔池同一水平面内磁感应强度为均匀的常值，高度方向呈曲线分布。为获得高度方向磁感应强度，采用多项式对高度方向磁感应强度大小进行拟合，拟合结果如图 6.11（b）所示，得到高度方向磁感应强度大小的方程为

$$B_z = 477.17 + 0.89z - 10.45z^2 + 1.75z^3 \tag{6.7}$$

式中：B_z 为试件厚度方向某点磁感应强度大小；z 为该点距下表面的距离。本章实验材料为 2A12 铝合金，其磁导率接近真空磁导率，在焊接过程中，即使熔池温度远大于居里（Curie）温度，熔池区域磁场分布也几乎不受影响。因此，可以认为常温模拟得到的磁场分布在高温熔池中不发生变化[9]。

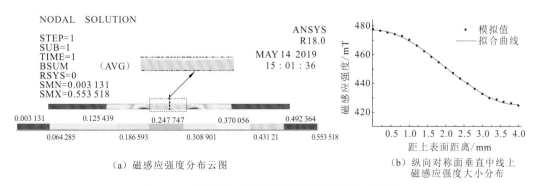

（a）磁感应强度分布云图　　　（b）纵向对称面垂直中线上
磁感应强度大小分布

图 6.11　试件纵向对称面上的磁感应强度大小分布

2. 磁场作用下铝合金激光焊接过程中熔池流动状态观察

采用高速摄像机拍摄磁场作用下熔池上表面和小孔开口形貌演化。磁感应强度在焊接前进行测量，施加磁场使试件上表面磁感应强度为 420 mT，其他参数与 6.2.1 小节中相同。图 6.12 为 $P=3\,000$ W，$V=1.8$ m/min，$B=420$ mT，磁场作用下熔池和小孔开口形貌演化情况。在 t_0 时刻，小孔开口近似规则的圆形，激光束从小孔开口入射，作用在小孔壁面上；由于菲涅耳吸收增强了材料对激光能量的吸收率，小孔内部材料蒸发产生大量金属蒸气，压力增大，金属蒸气从小孔口喷出，小孔壁面附近的液态金属在蒸气压力、金属蒸气摩擦力、热毛细力的作用下向上流动，使小孔开口处的液面明显高于周围液面，在重力、表面张力、蒸气压力的作用下，小孔边缘凸出的液体向周围扩散。小孔前部熔池层很薄，小孔后部熔池被拉长。小孔前部液态金属到达熔池边缘后沿着小孔两侧向熔池后部流动，如图 6.12 中 $t_0+1.6$ ms 时刻所示。

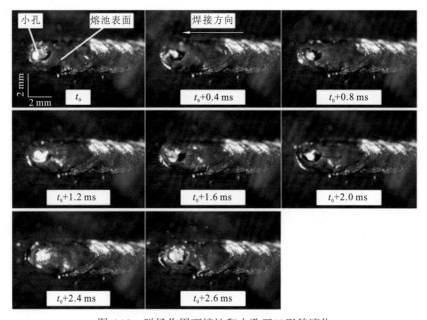

图 6.12　磁场作用下熔池和小孔开口形貌演化

由于磁场的作用，熔池表面没有剧烈的波动，也没有很大的起伏。从熔池后部的焊缝上表面形貌也可以看到，由于磁场的作用，鱼鳞纹的起伏也比较平缓，统计发现熔池和小孔的波动周期约为 2.4 ms。与 6.2.1 小节中未加磁场的熔池形貌相比，熔池和小孔的波动减弱，周期变大，熔池表面变得相对稳定。此现象与以前文献在研究磁场作用下激光焊接碳钢时得出的结论比较一致[9]，说明磁场能够抑制熔池上表面的波动行为，起到稳定熔池的作用。下面将通过数值模拟研究磁场对熔池流动的抑制机制。

3. 磁场作用下铝合金激光焊接过程中熔池流动行为数值模拟

在上一小节已验证模型的基础上耦合洛伦兹力求解方程，其他模拟参数与上一小节相同，磁感应强度的分布采用 6.2.1 小节中的模型计算，并通过 UDF 添加。这里主要研究磁场作用下熔池中动生电流和电磁力的分布，并将电磁力作为源项添加到动量守恒方程中，研究磁场对熔池流动行为的影响。计算中忽略试件相对于磁场运动产生的动生电流，因为与熔池的流动速度（∼1 m/s）相比，试件的移动速度（∼0.03 m/s）小两个数量级，所以相应产生的动生电流（$J=\kappa(u\times B)$）也会小两个数量级[16]。

图 6.13 所示为准稳态时磁场作用下熔池上表面速度场、温度场、动生电流密度、洛伦兹力的分布。图中箭头表示对应矢量的方向，箭头长度表示矢量的大小。从温度场的分布可以看到，上表面温度场分布呈椭圆形，熔池中心温度高，边缘温度低，熔池中液态金属从小孔边缘向熔池边缘流动。动生电流环绕着小孔，垂直于熔池流动的方向。在熔池边缘，液相流动速度较小，则动生电流大幅减小；在熔池流速较大的位置，动生电流也比较大，在 420 mT 的磁场作用下最大动生电流约为 1.6×10^6 A/m²，与文献[16]中的数量级比较吻合[16]，但是具体数值存在一些差别，主要是由材料的黏度、电导率等物性参数差异引起的。从图 6.13（c）和（d）可以看到，洛伦兹力的方向与液态金属的流动方向相反，速度比较大的位置，洛伦兹力也相对较大，在 420 mT 的磁场作用下，洛伦兹力最大值约为 6.7×10^5 N/m²，与液态金属流动方向相反的洛伦兹力可以起到抑制熔池液体流动的作用。

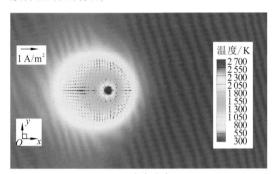
（a）速度分布

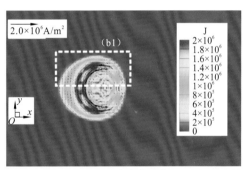
（b）电流密度分布

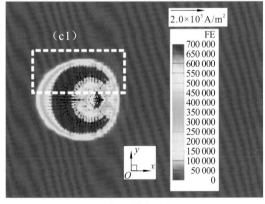
（c）电磁力分布

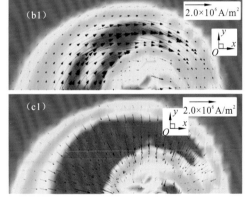
（d）局部放大

图 6.13　准稳态时磁场作用下熔池上表面相关物理量的分布

图6.14所示为同一时刻不同磁感应强度下准稳态熔池上表面和中心纵截面速度和温度分布情况。图中黑色实线是液相分数为0.5的等值线，表示熔池轮廓。从熔池上表面温度分布可以看到，熔池中心温度较高，边缘温度较低；从速度分布可以看到，由于热毛细力、表面张力等的作用，液态金属从熔池中心向周围流动，熔池前部和侧边的熔化区较薄，这些位置的金属液体具有先到达熔池边缘后又向熔池尾部流动的趋势。施加磁场后，熔池上表面流动速度明显降低，熔池流动范围缩小，熔池的波动行为受到抑制。随着磁感应强度的增大，熔池流动速度逐渐降低，上表面熔池轮廓进一步缩小，上表面高温区域的分布也随着磁感应强度的增大而缩小。

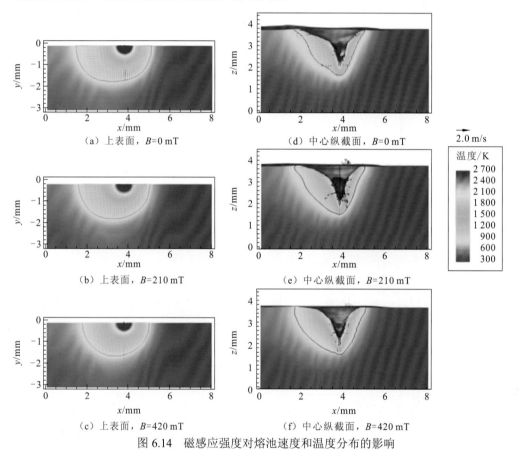

图 6.14 磁感应强度对熔池速度和温度分布的影响

从熔池中心纵截面温度分布可以看到，熔池下部温度较高，上部温度较低；从速度分布可以看到，在小孔壁面附近，液态金属沿着壁面从熔池底部向上部流动，在固液界面附近液态金属从熔池上部向下部流动，由于流动的连续性，会在纵截面内形成涡流。施加磁场后，纵截面熔池流动减弱，熔池上部拖尾变短，熔池中部熔化区域增大，熔池深度也有所增加。随着磁感应强度的增大，熔池流动进一步减弱，熔池拖尾进一步变短，中部熔化区域进一步增大，在小孔底部熔池区域出现明显的向下流动趋势。

图6.15所示为同一时刻不同磁感应强度对准稳态熔池流动影响的数值模拟结果。

图 6.15（a）所示为准稳态时穿过小孔中心的横截面，白色实线位于熔池深度方向 0.2 mm 处。图 6.15（b）所示为沿着白色实线熔池流动速度大小的变化，横坐标表示距离小孔壁面的距离，纵坐标表示熔池流动速度大小。随着离小孔壁面距离的增大，熔池流动速度逐渐降低，固液界面附近由于黏滞力的作用，流动速度逐渐降低到零。随着磁感应强度的增大，熔池的最大流动速度降低，这表明磁场对熔池流动的抑制作用显著。在熔池中部，受磁场的影响，流动速度差别较大，在熔池边缘，速度差别较小，说明熔池流动速度越大的区域，磁场的影响越明显，抑制效果越显著。

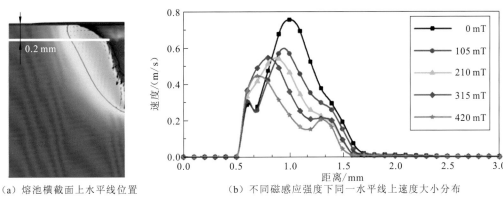

（a）熔池横截面上水平线位置　　　（b）不同磁感应强度下同一水平线上速度大小分布

图 6.15　磁感应强度对准稳态熔池同一水平线上速度大小的影响

图 6.16 对比了 420 mT 的磁场对焊缝横截面形貌的影响，可以明显观察到，施加磁场后，熔宽减小，熔深增大，焊缝腰部宽度也有增大。焊缝横截面形貌由酒杯状向"V"形转变，数值模拟的焊缝形貌与实验结果吻合较好。虽然由于模拟中的物性参数与实际实验存在差异，而且在模拟模型的建立过程中进行了一些假设，但是模拟结果能够很好地反映磁场对焊缝形貌的影响效果，说明所建模型能够很好地揭示磁场对焊缝形貌的影响机制。

图 6.16　磁场对铝合金焊缝横截面形貌影响对比

激光焊接过程中，熔池的流动状态与小孔振荡行为密切相关。这里采用小孔开口面积的演化来描述小孔的振荡，提取 5 000 帧，即 1 000 ms 的图像，将熔池上表面图像通过滤波、图像增强等处理提取小孔开口面积随时间的演化曲线，如图 6.17 所示。在施加磁感应强度为 0 mT、210 mT、420 mT 的磁场条件下，对小孔开口面积的标准差进行计算（分别为 1 176.738 px×px、1 121.734 px×px、1 076.153 px×px），结果表明，磁场的引入减小了小孔开口面积的波动。因此,磁场抑制了熔池流动,减小了小孔开口的波动,在一定程度上提高了熔池和小孔的稳定性。下面从小孔壁面受力情况来解释磁场作用下小孔稳定性提高的原因。

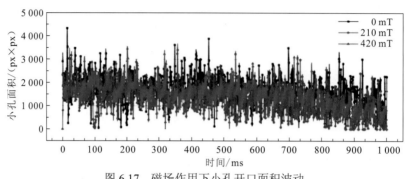

图 6.17　磁场作用下小孔开口面积波动

焊接过程中小孔壁面所受主要作用力为反冲压力、金属蒸气喷发产生的摩擦力、热毛细力、表面张力、流体动压力、流体静压力等[7]。这些力处于动态变化中,使小孔处于不断振荡的状态。图 6.18 所示为小孔壁面上某一点的受力分布示意图。其中表面张力、反冲压力、流体动压力、流体静压力与小孔壁面的波动密切相关,流体动压力和静压力有使小孔开口减小的趋势,反冲压力有使小孔开口增大的趋势。施加磁场后,熔池的流速减小,流体动压力减小,对小孔壁的冲击作用减小,减小了小孔壁面的凸起,激光束可以更加顺利地到达小孔底部,减小了小孔开口的波动。因此,磁场一定限度上提高了激光焊接过程中熔池和小孔的稳定性。

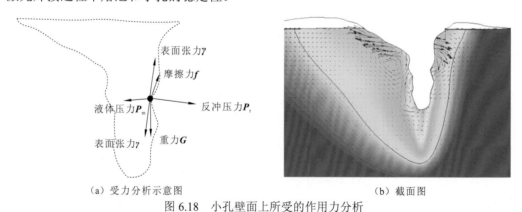

（a）受力分析示意图　　　　　　　　　　（b）截面图

图 6.18　小孔壁面上所受的作用力分析

6.2.3　磁场对铝合金激光焊接熔池流动行为的影响

1. 磁场对熔池上表面流动影响分析

本小节将从磁场对熔池流动及热量传递的影响方面,来分析磁场对焊缝横截面形貌的影响机制。如图 6.19（a）所示,焊接过程中熔池中心温度高,边缘温度相对较低,在熔池中心与熔池边缘之间存在很大的温度梯度，熔池中心与边缘间存在温差引起的热扩散；同时，由于热毛细力、表面张力、重力的作用，液态金属从熔池中心向边缘流动，高温液态金属将热量从熔池中心向边缘传递。焊接过程中，熔池中同时存在两种传热机制，即扩散传热和对流传热。一般用佩克莱数来描述对流传热和扩散传热的相对强度，其表达式为

$$P_e = \frac{Lu}{\alpha} = \frac{\rho L u c_p}{\lambda} \tag{6.8}$$

式中：L 为熔池的特征尺寸；u 为熔池流动速度；α 为热扩散速度，$\alpha = \lambda/(pc_p)$；ρ 为密度；c_p 为比热容。本实验中 L 取熔池宽度约 3 mm，熔池流动速度约 0.8 m/min，其他参数见表 6.2，计算佩克莱数为 103.3，远大于 1。因此，在熔池上表面的热转移过程中，对流传热占主要部分。如果熔池流动受到抑制，从熔池中心向边缘传递的热量将大大减少，从而熔宽减小。研究表明，激光非熔透焊接过程中，形成酒杯状或钉子头状焊缝有两方面原因：一方面，熔池表面热毛细流（马兰戈尼对流）导致的流动传热使熔池中心的高温液体转移到熔池边缘，热量向熔池边缘转移[17]；另一方面，金属蒸气从小孔开口处喷发产生的蒸气压力推动熔池向边缘流动，引起对流传热[18]。本小节在建模中综合考虑了上述两种因素对熔池流动的影响。

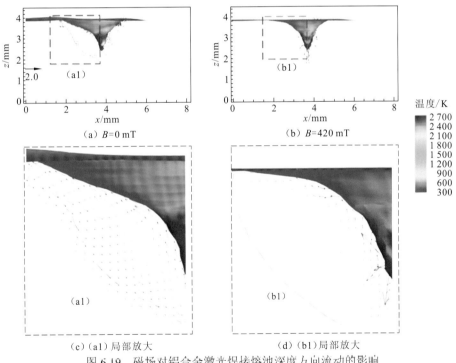

图 6.19　磁场对铝合金激光焊接熔池深度方向流动的影响

在上述因素作用下，高温液体从熔池中心向边缘流动，导致酒杯状或钉子头状焊缝，这种焊缝形状容易引起应力集中，导致焊缝性能降低。施加纵向磁场后能够有效抑制熔池的水平流动，减少从熔池中心向边缘对流传热，从而减小焊缝横截面上部宽度，即减

小熔宽，使焊缝横截面形貌向"V"形转变，有利于减少应力集中。

2. 磁场对熔池内部流动影响分析

图6.19为穿过小孔中心纵截面上的液态金属流动速度分布及小孔壁面上的温度分布。从图中可以看到，小孔壁面下部温度较高，上部温度较低。如图6.19（a）所示，无磁场作用时，小孔壁面附近的液态金属从熔池下部向上部流动，使下部的高温液体向上部转移，由上面分析可知，在熔池上表面的液态金属从熔池中心向熔池边缘流动，从而热量从熔池中心向熔池边缘传递。在固液界面附近，液态金属从熔池上部向熔池下部流动，温度较低的液态金属向熔池底部转移。如图6.19（c）所示，在纵截面面内形成了环形流动，在此环流的作用下，热量随着液态金属从熔池底部向熔池上部转移，同时从熔池中心向熔池边缘转移，从而形成上部较宽的酒杯状焊缝。

如图6.19（b）所示，施加420 mT的磁场后，小孔壁面附近的液态金属从熔池下部到上部的流动速度明显降低，从而下部向上部的流动传热明显减少，高温金属液体在熔池底部聚集，使熔池底部温度较高，能够在深度方向熔化更多的金属，因此熔深增大。从图6.19（c）可以看到，施加磁场后，液态金属从熔池中心向熔池边缘的流动速度大幅降低，从中心向边缘的热量转移减少。从图6.19（d）可以看出，施加磁场后，熔合线附近的液态金属向下流动速度明显降低，因此，到达熔池底部温度较低的液态金属也明显减少。

综合分析，引入辅助磁场抑制了熔池流动，使熔池下部较高温度的液态金属到达熔池上部的量减少，熔池边缘较低温度的液态金属到达熔池下部的量也减少，从而使熔池下部保持较高的温度，熔池上部温度相对较低。熔池下部较高温度的液态金属能够熔化更多的金属，有利于增大熔深和腰宽。

3. 磁场对小孔开口波动影响分析

以上的实验观察分析及数值模拟表明，引入辅助磁场可以明显地减小熔池的流动速度，抑制熔池的波动行为。由于熔池流动受到抑制，小孔壁面受到的流体动压力减小，壁面凸起减小，小孔壁面趋于平滑，波动减少，一定限度上提升了小孔的稳定性，使激光束可以顺利到达小孔底部。没有磁场作用时，熔池纵截面液态金属沿着小孔壁面向上流动，熔池表面的液态金属在热毛细力、蒸气压力、表面张力、重力的作用下，从熔池中心向熔池边缘流动，与边缘碰撞后，一部分液态金属沿熔池上表面回流，另一部分受重力作用向下流动，分别在熔池上表面和纵截面上形成涡流。小孔壁面在液态金属静压力、动压力、表面张力、反冲压力的作用下处于不断波动中，其中静压力、动压力、反冲压力会导致小孔壁面产生起伏，表面张力会让小孔壁面趋于平滑。

磁场作用下产生的抑制熔池水平流动的洛伦兹力，一方面减小了熔池的水平流动速度，使从熔池中部向边缘的热量转移减少，从而减小熔宽；另一方面使小孔壁面受到的动压力减小，从而使小孔壁面起伏减小，一定程度上提升了小孔和熔池的稳定性。

6.3　磁场作用下的等轴晶生长行为

实验材料 2A12 铝合金的 Cu 质量分数为 4% 左右,在微观模拟中可将其近似为 Al-Cu (Al 质量分数为 4%) 二元合金[19],部分物性参数见表 6.3。

表 6.3　Al-Cu 合金的部分物性参数[18]

物理性能	符号	值	单位
纯铝的熔点	T_m	933.6	K
质量密度	ρ	2 700	kg/m³
液相线斜率	m_i	-2.6	K/%
溶质平衡分配系数	k_e	0.14	—
溶质膨胀系数	B_c	0.01[20]	1/%
热膨胀系数	β_T	1.17×10^{-4} [21]	K⁻¹
重力加速度	g	-9.8	m/s²
固相塞贝克系数	S_s	-1.5×10^{-6}[22]	V/K
液相塞贝克系数	S_l	-2.25×10^{-6}[22]	V/K
固相电导率	κ_s	1.3×10^{7}[23]	S/m
液相电导率	κ_l	3.8×10^{6}[23]	S/m
溶质在液相中扩散系数	D_i	3.0×10^{-9}	m²/s
界面能强度因子	σ_0^*	0.24	J/m²
界面能各相异性强度	ε^*	0.35	—
动力黏度	υ	5.7×10^{-7}	m²/s

6.3.1　等轴晶生长初始时刻热电磁力解析模型

为了对磁场作用下的熔池凝固模型进行验证,建立二维的解析模型,求解等轴晶固液界面热电势、热电流密度、热电磁力的分布。假设初始状态等轴晶为圆形晶核,浸润在液态金属中,如图 6.20 所示。初始时刻晶核置于计算域中心,基于以下假设构建解析模型:

(1)初始时刻晶核的半径为 R_0,且静止不动;

(2)采用准三维系统,磁感应强度在计算域内均匀分布,其方向垂直于 xOy 平面;

(3)计算域中温度梯度固定,沿 y 轴正方向;

(4)在远离固液界面处,热电流密度大幅度减小,可忽略;

(5)固相和液相的物性参数分别为常数;

（6）在此情况下，液相流动速度很小，液态金属在磁场中运动引起的动生电流很小，可忽略不计。

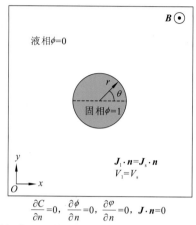

图 6.20 磁场作用下等轴晶生长的计算域示意图和边界条件

温度梯度和磁感应强度均匀分布，即 $\nabla T = Ge_y$，$B = Be_z$（∇T 为温度梯度，G 为温度梯度大小，矢量 B 为磁感应强度，B 为磁感应强度大小，e_y 和 e_z 为笛卡儿坐标系中 y 轴和 z 轴方向的单位向量）。溶质浓度、速度、温度、电势、热电流密度等变量的边界条件如图 6.20 所示，这些变量在计算域边界满足零诺依曼边界条件，电势和热电流在晶体固液界面满足连续性条件。由于糊状区动生电流与磁场作用引起的洛伦兹力很小，其对液相流动的影响很小，在此解析模型中可以忽略动生电流，仅考虑固液界面的热电流。

热电流在晶体固液界面会形成回路，根据欧姆定律，热电流密度可表示为

$$J_i = -\kappa_i \nabla V_i - \kappa_i S_i \nabla T_i = -\kappa_i \nabla \varphi_i \qquad (6.9)$$

式中：广义标量电势 $\varphi_i = V_i + S_i T_i$，i 取 l 和 s 分别表示固相和液相。

电流满足连续性方程

$$\nabla \cdot J_i = 0 \qquad (6.10)$$

将方程（6.9）代入方程（6.10）得到

$$\nabla^2 \varphi_i = 0 \qquad (6.11)$$

在晶体固液界面，热电流的法向分量相等，即 $-\kappa_l \nabla \varphi_l \cdot n = -\kappa_s \nabla \varphi_s \cdot n$（$n$ 为界面法向单位矢量）。同时，界面处电势和温度连续，即 $V_l = V_s$，$T_l = T_s$。鉴于初始时刻晶核假设为圆形，在极坐标系中求解方程（6.11）更为方便。在极坐标系中，电势方程（6.11）的通解形式为 $\varphi_i(r, \theta) = [ar + (b/r)](c\cos\theta + d\sin\theta)$（$r$ 为半径坐标，θ 为极角，a、b、d 为待定系数）。平面内极坐标与笛卡儿坐标的转换关系为 $x = r\cos\theta$，$y = r\sin\theta$，代入边界条件可推导固相和液相区的电势方程分别为

$$\varphi_s(r, \theta) = \frac{\kappa_l}{\kappa_l + \kappa_s}(S_s - S_l)Gr\sin\theta \qquad (6.12)$$

$$\varphi_l(r,\theta) = -\frac{\kappa_1}{\kappa_1+\kappa_s}(S_s-S_1)R_0^2 G\frac{1}{r}\sin\theta \qquad (6.13)$$

根据欧姆定律，并进行坐标转换，得到固相和液相区域热电流的表达式分别为

$$\boldsymbol{J}_s = -\kappa_s\nabla\varphi_s = -\frac{\kappa_1\kappa_s}{\kappa_1+\kappa_s}(S_s-S_1)G\boldsymbol{e}_y \qquad (6.14)$$

$$\boldsymbol{J}_l = -\kappa_l\nabla\varphi_l = -\frac{\kappa_1\kappa_s}{\kappa_1+\kappa_s}R_0^2(S_s-S_1)G\frac{1}{r^2}(\sin\theta\boldsymbol{e}_r+\cos\theta\boldsymbol{e}_\theta) \qquad (6.15)$$

式中：$\boldsymbol{e}_r$ 和 $\boldsymbol{e}_\theta$ 为极坐标系中的单位矢量。从式（6.14）可以看出，当物性参数一定时，固相区的电流密度大小和方向是确定的。热电磁力可以通过方程 $\boldsymbol{F}_l=\boldsymbol{J}_l\times Be_z$ 来计算，故固相和液相区域的热电磁力表达式分别为

$$\boldsymbol{F}_s = \boldsymbol{J}_s\times Be_z = -\frac{\kappa_1\kappa_s}{\kappa_1+\kappa_s}(S_s-S_1)GB\boldsymbol{e}_x \qquad (6.16)$$

$$\boldsymbol{F}_l = \boldsymbol{J}_l\times Be_z = -\frac{\kappa_1\kappa_s}{\kappa_1+\kappa_s}R_0^2(S_s-S_1)GB\frac{1}{r^2}(-\sin\theta\boldsymbol{e}_\theta+\cos\theta\boldsymbol{e}_r) \qquad (6.17)$$

式（6.16）表明，当物性参数和磁感应强度分布一定时，晶体内热电磁力的大小和方向也是一定的。Wang 等[24]在定向凝固实验中，采用同步 X 射线观察了枝晶碎片在热电磁力作用下的运动轨迹，推导了其受力大小和方向，分析认为枝晶碎片的横向运动主要是因为单一方向热电磁力的作用，本解析模型推导的结果与其结果比较吻合。以上分析得到了初始时刻等轴晶固液界面的热电势、热电流密度、热电磁力的解析式；将热电磁力作为源项代入动量方程，可研究磁场对液相流动及晶体生长过程的影响。

6.3.2 等轴晶生长初始时刻热电磁流动数值模拟

在与6.3.1 小节相同的条件下，本节将用考虑磁场作用的凝固模型模拟热电磁力分布，并与解析解进行对比。为方便展示，假设初始时刻晶核为半径较大的圆形，如图 6.21（a）所示，磁场垂直于纸面向外。图 6.22（a）所示为初始阶段的电势分布的模拟结果。从图中可以看到，固液界面附近的电势梯度明显较大。图 6.22（b）～（d）分别为热电流密度、热电流流线，以及固液界面附近局部电流分布。从图中可以看到，固相区内热电流密度近似为均匀分布，这与解析结果一致。在晶体固液界面形成了电流环路，随着离固液界面距离的增大，热电流密度急剧减小，该模拟结果和文献[25]和文献[26]中结果基本一致。

提取计算域中心水平线上的热电流密度，如图 6.21（b）所示。从图中可以看到，固相区热电流密度分布均匀，且远大于液相区热电流密度。随着离固液界面距离的增大，热电流密度迅速减小，说明热电流产生于晶体固液界面附近，在较远区域热电流很小，产生的影响也很小。Chen 等[13,27]采用宏观数值模型计算了不锈钢激光焊接过程中熔池边界的热电流密度分布，发现热电流只在熔池边界微小区域内比较大，在远离熔池边界的区域，热电流密度迅速减小。本小节所建凝固模型模拟的铝合金凝固过程糊状区热电流分布特征与其比较相似。

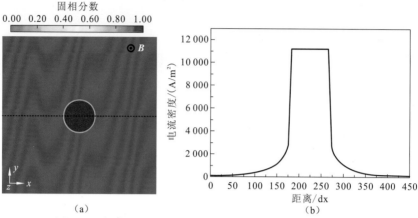

（a）

图 6.21　初始时刻计算域及其水平中线上的热电流密度分布

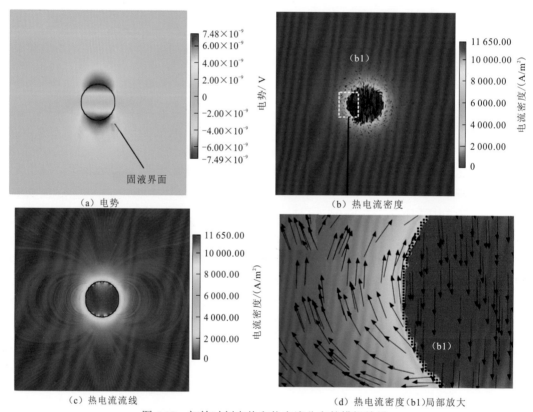

图 6.22　初始时刻电势和热电流分布的模拟结果

　　图 6.23 所示为初始时刻热电磁力和热电磁流动分布的数值模拟结果。从图中可以看到，液相区的热电磁力随着到晶体固液界面距离的增大而减小，在固相区域热电磁力分布比较均匀，垂直于温度梯度和磁感应强度方向，沿 x 轴的负方向。如图 6.23（b）所示，晶体固液界面附近的液体流动速度较快，而远离界面的区域液相流动速度急剧降低，在晶体周围形成了环绕晶体的液相流动。在等轴晶生长初始时刻，界面热电流和热电磁力的解析解与数值解一致，说明第 2 章建立的熔池凝固模型能够较好地模拟磁场对晶体生长过程的影响。

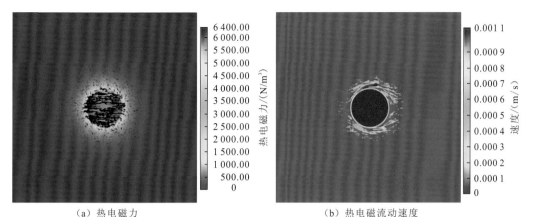

(a) 热电磁力 (b) 热电磁流动速度

图 6.23 初始时刻热电磁力和热电磁流动分布的数值模拟结果

6.3.3 磁场对等轴晶形貌的影响

6.3.2 小节研究了磁场作用下等轴晶生长初始时刻，固液界面热电势、热电流、热电磁力、热电磁流动的分布，此时晶核假设为圆形。随着凝固过程的进行，热电磁流动使溶质分布发生变化，引起界面局部相变驱动力发生改变，从而影响等轴晶形貌。

图 6.24 所示为磁场对等轴晶周围液相流动和晶体形貌演化影响的模拟结果，其中图 (a) ～ (c) 为没有磁场作用时枝晶形貌的演化情况；(d) ～ (f) 为 0.2 T 磁场作用下等轴晶形貌的演化情况。从图中可以看出，在没有磁场作用时，等轴晶的形貌和溶质浓度呈对称分布。由于铝合金凝固过程分配系数小于 1，等轴晶生长的初始阶段，溶质不断向周围液相中排出，且溶质的排出速度大于扩散速度，在固液界面会形成溶质堆积。当等轴晶生长稳定后，溶质排出速度与扩散速度达到动态平衡，在固液界面处溶质层厚度趋于稳定。由于界面能的各向异性，优先方向枝晶臂生长更快，随着生长过程的进行，主轴两侧有二次枝晶产生，并不断长大，如图 6.24 (a) ～ (c) 所示。

如图 6.24 (d) 和图 6.25 所示，施加 0.2 T 磁场后，热电磁力会在晶粒周围引起热电磁流动，图中箭头方向表示液体流动方向，箭头颜色和长度代表速度大小，在固液界面附近液相流动更加剧烈，这是因为热电流在固液界面处产生，热电流密度比周围更大，其与磁场作用产生的热电磁力更大，引起的液相流动更剧烈。由于流动的连续性，热电磁力在区域内引起了从左向右的液相流动。流动的液体与边界接触后，运动方向改变，在晶体上部和下部形成了涡流。等轴晶生长过程中排出的溶质从迎流侧向背流侧传递，导致背流侧溶质浓度较高；背流侧枝晶的生长受到抑制，迎流侧枝晶的生长得到促进，导致等轴晶的非对称生长，且迎流侧的枝晶尖端比背流侧更粗大，如图 6.24 (d) 所示。

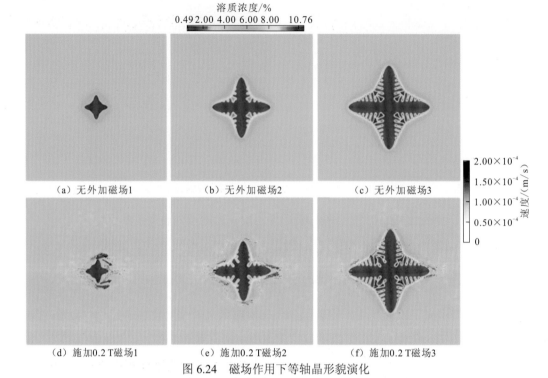

（a）无外加磁场1　　　　（b）无外加磁场2　　　　（c）无外加磁场3

（d）施加0.2 T磁场1　　　（e）施加0.2 T磁场2　　　（f）施加0.2 T磁场3

图 6.24　磁场作用下等轴晶形貌演化

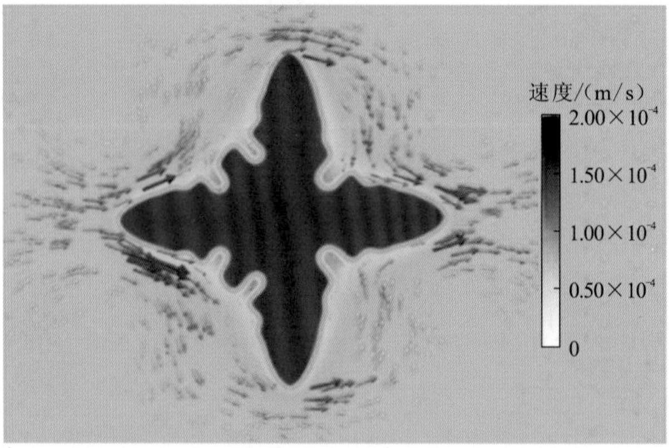

图 6.25　磁场作用下等轴晶周围热电磁流动分布

随着等轴晶的生长，各向异性逐渐明显，同时二次枝晶逐渐出现，由于热电磁流动的作用，竖直轴向左倾斜，竖直轴左侧的枝晶生长较快，如图 6.24（e）所示。随着凝固过程的进行，固相增加，液相减少，固液之间的摩擦力增大，液相区流动速度降低，而且枝晶尖端的热电磁流动相对比较剧烈，在枝晶尖端两侧形成了涡流。

综上，本小节建立的模型能够很好地模拟热电流、热电磁流动及其对枝晶形貌演化的影响，发现热电磁流动能够明显地影响等轴晶生长过程中溶质的分布，使等轴晶出现非对称生长。

6.4　磁场作用下的柱状晶生长行为

柱状晶是铝合金焊缝熔合线附近常见的组织形貌，本节将单独分析磁场对柱状晶生长过程的影响。由于涉及相变、溶质扩散、热电磁流动等复杂的物理过程，需要求解多个物理方程，为了减少计算量，提高计算效率，选取少量柱状晶和较小区域进行数值模拟，同样采用二维模拟，物性参数见表6.2。

6.4.1　自然对流作用下的柱状晶生长行为

为方便对比，首先模拟无磁场作用时柱状晶的生长过程。凝固过程中重力不可避免，因此在模拟中考虑自然对流的影响更加接近实际情况。由于 Cu 元素含量高的液体比 Cu 元素含量低的液体重力大，Cu 元素浓度差会引起晶间液相流动，同时温度差也会引起液相流动。图 6.26 为自然对流作用下柱状晶形貌和液相流动速度的演化情况。图中箭头的方向代表液体流速方向，箭头的颜色代表速度大小。在初始时刻，柱状晶尖端生长较快，

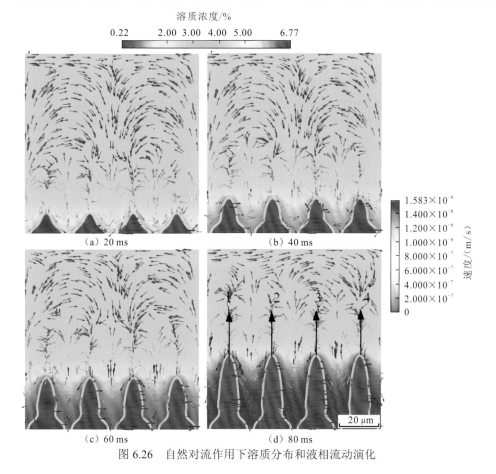

图 6.26　自然对流作用下溶质分布和液相流动演化

溶质元素在枝晶尖端附近排出，导致枝晶尖端附近存在溶质浓度差，使尖端和两侧形成自上而下的流动趋势。由于流动的连续性，枝晶间的液体受到挤压而向上流动，使晶间形成循环的涡流，如图 6.26（a）～（c）所示。这种自然对流模式与 Steinbach 和 Takaki 等[20,28]对自然对流的模拟结果吻合。由于枝晶尖端两侧的对流关于枝晶对称，柱状晶形貌的对称性不会因自然对流而改变。随着柱状晶的生长，固液界面 Cu 元素浓度的增大，自然对流强度增大，如图 6.26（d）所示。然而，自然对流的最大速度约为 2.45×10^{-3} mm/s，对柱状晶的生长过程影响非常有限。

6.4.2　磁场对柱状晶生长行为的影响

图 6.27 所示为 0.5 T 磁场作用下柱状晶形貌和液相流场演化情况。如图 6.27（a）所示，在 $t=20$ ms 时刻，热电磁力在固液界面附近引起了从左向右的热电磁流动，流体绕过枝晶尖端，穿过枝晶间隙，在柱状晶两侧改变了流动方向。液相流动速度在固液界面附近较大，随着与界面距离的增大而逐渐降低。对于单个柱状晶，在枝晶左侧，液相从枝晶根部向枝晶尖端流动；在枝晶右侧，液相从枝晶尖端向根部流动。这种流动模式使枝晶左侧的溶质被带入周围的液体中，而枝晶右侧产生溶质积累，导致枝晶两侧生长的驱动力不同，枝晶左侧部分比右侧生长更快，生长方向发生倾斜；同时，热电磁流动导

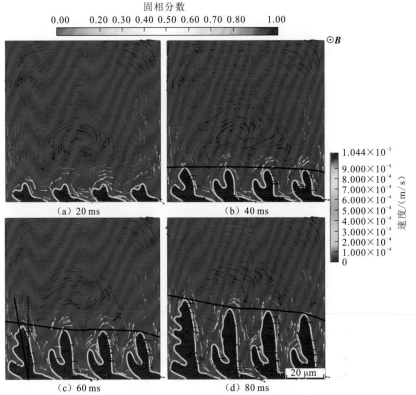

图 6.27　0.5 T 磁场作用下柱状晶形貌和液相流场演化

致柱状晶左侧界面不稳定，产生较多二次枝晶。当向右流动的液体与下一个枝晶接触后会改变流动方向，在枝晶间形成涡流，如图 6.27（b）所示。在此条件下，液体的最大流动速度约为 1.05 mm/s，比自然对流大两个数量级。因此，与热电磁流动相比，自然对流可以忽略。由于枝晶两侧非对称生长，枝晶轴向左侧倾斜，倾斜角度随着枝晶的生长而显著，如图 6.27（c）和（d）所示。

凝固前沿的液体受热电磁力的影响，在糊状区引起从左向右的流动，溶质随液相流动从区域的左侧转移到右侧，导致靠近区域左侧的溶质浓度减小，右侧的溶质浓度增大。因此，各枝晶尖端生长速度不同，区域内左侧的枝晶生长更快，右侧的枝晶生长受到抑制，形成倾斜的凝固前沿。如图 6.27（b）～（d）中黑色曲线所示，凝固前沿界面逐渐倾斜，倾角随着生长过程的进行而增大。

图 6.28 所示为 0.5 T 磁场作用下溶质分布的演化情况。图中白色细实线表示溶质的等浓度线，倾斜的等浓度线表明溶质浓度从左到右逐渐升高，同时看到左侧枝晶尖端的溶质浓度梯度更大。由于磁场的影响，枝晶形貌不再对称，尤其是枝晶左侧的分枝会优先生长。与自然对流相比，0.5 T 磁场引起的热电磁流动占主导地位，对枝晶形貌的影响显著。因此，引入辅助磁场可以作为调节枝晶间流动的有效手段，用来影响凝固组织的形貌和溶质分布。

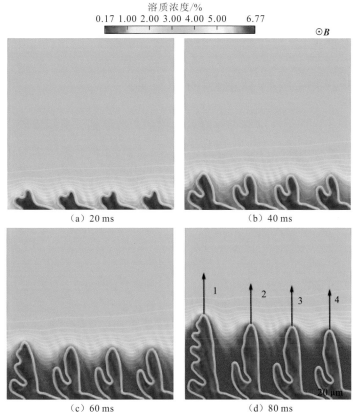

图 6.28　0.5 T 磁场作用下溶质分布演化

图 6.29 绘制了图 6.26（d）和图 6.28（d）所示的黑色带箭头实线上溶质浓度的分布曲线，编号 1～4 代表柱状晶编号。没有磁场作用时，枝晶尖端的溶质浓度随着距尖端的距离以相同的速率降低，枝晶尖端的溶质浓度梯度相等。在磁场作用下，不同位置枝晶尖端的溶质浓度梯度出现差异，靠近区域左侧，枝晶尖端的溶质浓度随离尖端距离降低较快，溶质浓度梯度较大，溶质扩散较快，枝晶生长速度更快。因此，在磁场作用下，靠近区域左侧的枝晶生长驱动力更大，生长更快，使凝固前沿由水平变为倾斜。

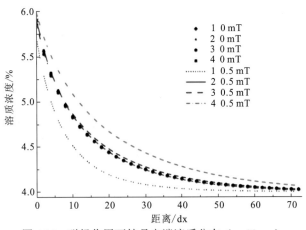

图 6.29　磁场作用下枝晶尖端溶质分布（$t=80$ ms）

6.4.3　磁感应强度对柱状晶形貌的影响

图 6.30 所示为不同磁感应强度下柱状晶形貌、溶质场、流场在同一时刻的分布情况。从图中可以看到，随着磁感应强度的增大，单个柱状晶呈现出明显的非对称性，侧枝先增多后减少，当磁感应强度为 0.6 T 时，枝晶界面侧枝明显减少，同时，随着磁感应强度的增大，枝晶固液界面附近的流动速度增高，单个枝晶左侧更多溶质被带入周围液相中，而右侧则有更多的溶质累积。同时，区域内从左向右的流动加剧，使更多溶质被带入区域的右侧。因此，柱状晶主干的倾斜程度增加，凝固前沿的倾斜程度也不断增加。然而，应该注意到，液相的流动速度并不会随着磁感应强度的增大而单调增高。当磁感应强度达到一定阈值后，哈特曼（Hartmann）效应会成为主要因素影响凝固前沿的液相流动[29-30]。为定量表征磁场对枝晶生长过程的影响，分别获得不同磁感应强度下液相最大流动速度和区域左侧枝晶的倾角。随着磁感应强度从 0 T 增大到 0.6 T，液相最大流动速度从 2.45×10^{-3} mm/s 增高到 1.05 mm/s，左侧枝晶的倾斜角度从 0° 增大到 6.7°，见表 6.4。

综上，磁场引起的热电磁流动能够影响溶质分布，从而影响枝晶形貌和生长速度，且在一定范围内，随着磁感应强度的增大，这种影响效果会更加显著。

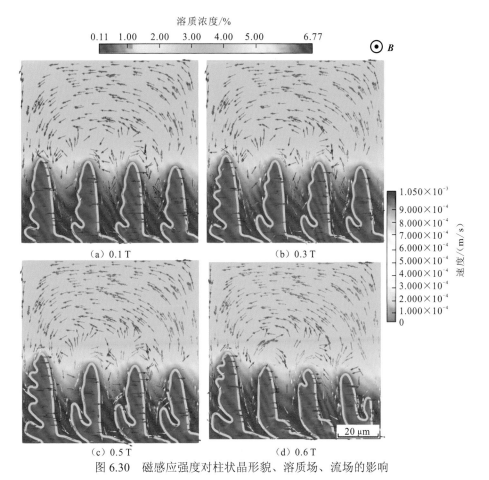

图 6.30　磁感应强度对柱状晶形貌、溶质场、流场的影响

表 6.4　磁感应强度对柱状晶生长影响的定量表征

磁感应强度/T	最大流速/（mm/s）	枝晶倾角/（°）
0	$2.45×10^{-3}$	0
0.1	$4.37×10^{-1}$	4.2
0.3	$6.39×10^{-1}$	4.6
0.5	$8.34×10^{-1}$	5.9
0.6	1.05	6.7

为验证磁场对柱状晶生长的影响，将上述数值模拟结果与 Wang 等[31]的实验结果进行对比。实验中，Wang 等研究了磁场对铝铜合金定向凝固组织的影响，磁场方向与枝晶生长方向垂直，为了获得凝固组织形貌，将凝固到一定阶段的铝铜合金试样放入 Ga-In-Sn 冷却液中迅速冷却到室温，然后沿着凝固方向切开试样进行观察，图 6.31（a）所示为 0.5 T 磁场作用下的凝固组织。

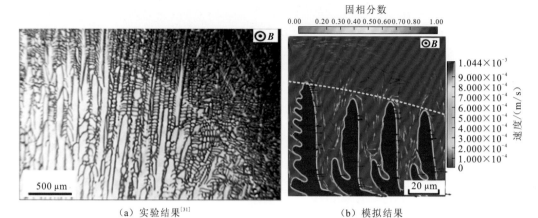

（a）实验结果[31]　　　　　　　　　　　（b）模拟结果

图 6.31　实验结果与数值模拟结果对比

在磁场作用下，枝晶尖端的生长速度不一致，导致凝固界面弯曲，如图中黄色虚线所示，且枝晶生长方向发生一定倾斜。图 6.31（b）所示为 0.5 T 磁场作用下 $t=100$ ms 时刻凝固组织的模拟结果。从图中可以看到，磁场引起的热电磁流动使右侧枝晶的生长受到抑制，凝固前沿发生了一定倾斜，如图 6.31（b）中黄色虚线所示，同时看到枝晶主干发生了一定倾斜。但是，需要说明的是，由于建立的凝固模型在考虑了磁场、热电流、液相流动和枝晶生长后，计算量比较大，当模拟很大尺度的枝晶生长时，计算量进一步增大，同时考虑到计算资源的限制，模拟较长时间内的枝晶生长也面临挑战，本模拟中选择较小的区域进行模拟。尽管如此，模拟结果能够较好地解释磁场对柱状晶生长的作用机制，模拟结果与实验结果基本吻合。

6.5　磁场作用下平面晶向柱状晶的过渡行为

熔池凝固过程中，从边缘到中心的凝固方式由平面晶生长变为胞状晶生长、柱状晶生长，直到等轴晶生长。熔池边缘先凝固的组织对整个焊缝组织取向及形貌具有重要影响。因此，研究磁场对熔合线附近组织的影响具有十分重要的意义。如图 6.32 所示，对于整个熔池，选取熔合线附近一定区域模拟磁场作用下枝晶和溶质的演化情况。熔池凝固条件从已验证的宏观熔池流动模型的模拟结果中获取。

在功率为 3 000 W，焊接速度为 1.8 m/min 时所获得的凝固条件如图 6.33 所示。如图 6.33（a）和（b）所示，由于液态金属不断波动，热循环曲线会出现一定波动导致糊状区的温度梯度和冷却速度出现波动，如图 6.33（c）和（d）所示。然而，铝合金激光焊接中冷却速度很快，在小计算域数值模拟中，可以采用平均温度梯度和冷却速度作为熔池凝固模型的输入[32]。在该工艺条件下，计算凝固区间的平均冷却速度和温度梯度分别为 2 891 K/s 和 7.9×10⁵ K/m。Tang 等[33]根据罗森塔尔（Rosenthal）方程推导了冷却速度与工艺参数的关系，其关系式为

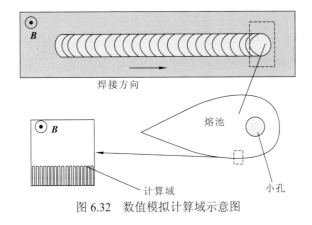

图 6.32   数值模拟计算域示意图

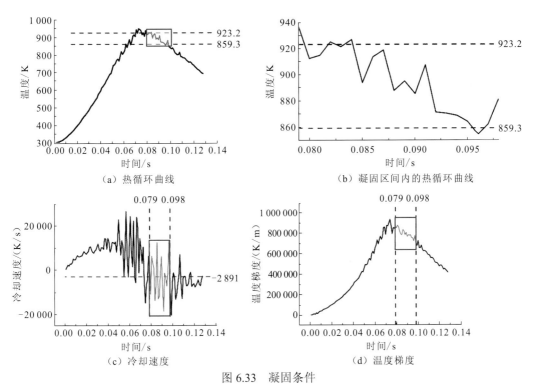

图 6.33   凝固条件

$$T = 2\pi\lambda(T_1 - T_0)(T_s - T_0)\frac{v}{p} \tag{6.18}$$

将表 6.2 中材料的物性参数代入式（6.18），其中糊状区的热导率取固相与液相的平均值，得到糊状区冷却速度为 3 283 K/s，与数值模拟结果比较接近，出现差别的原因是基于罗森塔尔方程求解的冷却速度忽略了熔池流动和固液相热导率的差异。因此，建立的熔池流动数值模型能够比较准确地获取熔池边缘的冷却速度，为熔池凝固模型提供了初始条件。

　　将上述获得的温度梯度和冷却速度作为熔池凝固模型的初始条件，对凝固过程中熔池边缘一定区域的凝固组织进行模拟。图 6.34 所示为无磁场时熔池凝固过程中边缘枝晶形貌和液相流动的模拟结果。图 6.35 所示为施加 420 mT 磁场后熔池凝固过程中边缘枝晶形貌和液相流动的模拟结果。在 $t=2$ ms 时刻，热电磁力引起的热电磁流动在整个区域内形成了涡流，与无磁场相比，水平界面较早失稳。在 $t=8$ ms 时刻，无磁场时柱状晶稳定生长；施加磁场后，在热电磁流动的作用下，部分柱状晶根部发生重熔，形成独立的枝晶碎片，部分柱状晶产生较多的分枝。流动的液相与枝晶界面接触后，在枝晶间隙形成微小的涡流；同时，凝固前沿也有涡流产生，有助于溶质的均匀分布，从而减少溶质偏析。

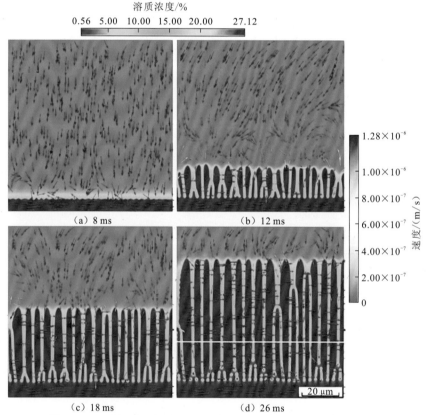

图 6.34　无磁场时焊接熔池边缘凝固过程中枝晶形貌和流场演化

　　对比图 6.34（d）与图 6.35（d）发现，磁场对枝晶形貌有显著的影响：没有磁场作用时，自然对流引起的糊状区液相流动非常微弱，最大流速约为 0.0013 mm/s，对枝晶生长的影响较小，枝晶形貌比较规则，溶质浓度分布比较规律；施加磁场后，热电磁力在糊状区引起强烈的热电磁流动，最高流动速度约为 2.4 mm/s，糊状区的热电磁流动导致溶质分布更加均匀，枝晶界面发生改变，枝晶产生较多分枝，形貌不再对称，也不再呈规律性分布。

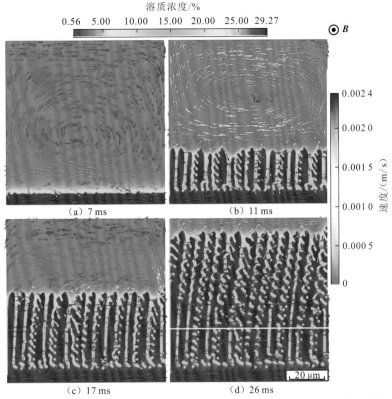

图 6.35　420 mT 磁场作用下焊接熔池边缘凝固过程中枝晶形貌和流场演化

为验证模拟结果的准确性，与熔合线附近微观组织进行对比。图 6.36 所示为熔合线附近实验和数值模拟的微观组织。图 6.36（a）和（c）所示分别为没有施加磁场时熔合线附近的微观组织的实验结果和模拟结果。从图中可以看到，比较规则的柱状晶组织，其生长方向比较一致，侧枝较少，在熔合线附近为平面晶与胞状晶组成的过渡区。实验的枝晶间距约为 3.4～4.5 μm，模拟所得的枝晶间距为 6 μm，模拟结果与实验结果比较接近，可以认为模拟结果与实验结果相符。图 6.36（b）和（d）所示为在 420 mT 磁场作用下的熔合线附近的微观组织。从图中可以看到，柱状晶区组织分布不再规则，柱状晶有较多的侧枝产生，过渡区宽度明显增大。

为进一步比较磁场对熔合线附近元素分布的影响，采用 EPMA 测量沿图中直线 A、B 上的溶质元素含量进行定量比较，电子探针的采样间隙为 0.3 μm。图 6.37（a）所示为实验测量的 Cu 元素含量分布曲线，图 6.37（b）所示为相应条件下数值模拟的溶质浓度分布曲线。溶质元素含量随着距离不断的变化而变化，由于分配系数小于 1，在枝晶间隙溶质元素含量较高，而在枝晶主干上溶质元素含量较低，在图中表现为波峰和波谷不断起伏。施加磁场后，曲线的波峰和波谷变化显著，波峰的峰值减小，元素分布曲线变化平缓，剧烈的起伏减少，说明溶质分布变得更加均匀，溶质偏析减少。在磁场对元素分布的影响趋势方面，实验结果与数值模拟结果比较吻合。

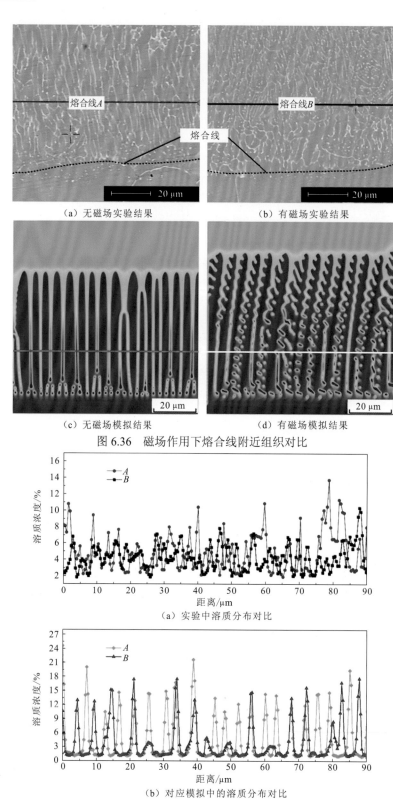

（a）无磁场实验结果　　　　　　　　　（b）有磁场实验结果

（c）无磁场模拟结果　　　　　　　　　（d）有磁场模拟结果

图 6.36　磁场作用下熔合线附近组织对比

（a）实验中溶质分布对比

（b）对应模拟中的溶质分布对比

图 6.37　磁场对熔合线附近溶质分布的影响

为了定量分析磁场对熔合线附近元素分布的影响，采用 FFT 对溶质元素含量曲线进行频谱分析。图 6.38（a）和（b）所示分别为实验和模拟的溶质元素含量的频谱图。图中横轴表示空间频率，纵轴表示幅值。从图中可以看到，施加 420 mT 磁场后，频谱图中波峰数量增加，而最大峰值减小，表明施加磁场后枝晶间距减小，溶质元素分布更加均匀。

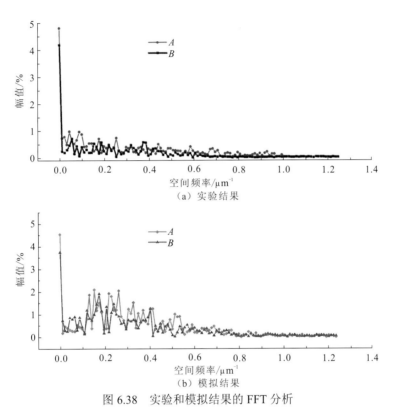

（a）实验结果

（b）模拟结果

图 6.38 实验和模拟结果的 FFT 分析

图 6.39 所示为将频谱图中的幅值积分并归一化处理得到的幅值积分曲线。从图中曲线可以看到，施加 420 mT 磁场后幅值积分曲线向高频部分移动，这是因为热电磁流动的作用加速了枝晶间的液相流动，使溶质分布更加均匀。另外，磁场的作用导致更多枝晶侧枝的生成，模拟结果与实验结果得出的结果比较一致。

尽管模拟结果能够较好地预测磁场对凝固组织的影响，但与实验结果还是有一定差距。这是因为，数值模拟中使用的物性参数与实际物性参数存在差异，实际物性参数总是很难获取，不可避免地带来误差；受到计算效率和成本的限制，选取了较小区域进行二维模拟，而实际实验结果是三维的。尽管如此，所建立的模型依然能够较好地解释磁场对焊缝组织形貌和溶质分布的影响。

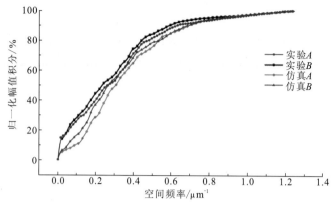

图 6.39　实验与模拟中 Cu 元素含量分布分析结果比较

本章参考文献

[1] LI M, XU J J, HUANG Y, et al. Improving keyhole stability by external magnetic field in full penetration laser welding[J]. JOM: The Journal of the Minerals, Metals and Materials Society, 2018, 70(2): 1-6.

[2] 庞盛永. 激光深熔焊接瞬态小孔和运动熔池行为及相关机理研究[D]. 武汉: 华中科技大学, 2011.

[3] CUNNINGHAM R, ZHAO C, PARAB N, et al. Keyhole threshold and morphology in laser melting revealed by ultrahigh-speed X-ray imaging[J]. Science, 2019, 363(6429): 849-852.

[4] HUANG L J, HUA X M, WU D S, et al. Numerical study of keyhole instability and porosity formation mechanism in laser welding of aluminum alloy and steel[J]. Journal of Materials Processing Technology, 2018, 252: 421-431.

[5] WEI H L, ELMER J W, DEBROY T. Crystal growth during keyhole mode laser welding[J]. Acta Materialia, 2017, 133: 10-20.

[6] 吴家洲. 激光深熔焊接过程流体流动分析和热质传递机理研究[D]. 南昌: 南昌大学, 2018.

[7] 李时春. 万瓦级激光深熔焊接中金属蒸气与熔池耦合行为研究[D]. 长沙: 湖南大学, 2014.

[8] LIU D H, WANG Y. Mesoscale multi-physics simulation of solidification in selective laser melting process using a phase field and thermal lattice boltzmann model[C]//ASME 2017 International Design Engineering Technical Conferences and Computers and Information in Engineering Conference. Cleveland, Ohio, USA: American Society of Mechanical Engineers, 2017: 1-10.

[9] BACHMANN M, AVILOV V, GUMENYUK A, et al. About the influence of a steady magnetic field on weld pool dynamics in partial penetration high power laser beam welding of thick aluminium parts[J]. International Journal of Heat and Mass Transfer, 2013, 60: 309-321.

[10] CHEN J C, WEI Y H, ZHAN X H, et al. Influence of magnetic field orientation on molten pool dynamics during magnet-assisted laser butt welding of thick aluminum alloy plates[J]. Optics & Laser Technology, 2018, 104: 148-158.

[11] GATZEN M, TANG Z, VOLLERTSEN F, et al. X-ray investigation of melt flow behavior under magnetic stirring regime in laser beam welding of aluminum[J]. Journal of Laser Applications, 2011,

23(3): 032002.

[12] CHEN J C, WEI Y H, ZHAN X H, et al. Thermoelectric currents and thermoelectric-magnetic effects in full-penetration laser beam welding of aluminum alloy with magnetic field support[J]. International Journal of Heat and Mass Transfer, 2018, 127(Part C): 332-344.

[13] CHEN X, PANG S Y, SHAO X Y, et al. Three-dimensional transient thermoelectric currents in deep penetration laser welding of austenite stainless steel[J]. Optics and Lasers in Engineering, 2017, 91: 196-205.

[14] TAN W, SHIN Y C. Multi-scale modeling of solidification and microstructure development in laser keyhole welding process for austenitic stainless steel[J]. Computational Materials Science, 2015, 98: 446-458.

[15] PANG S Y, CHEN W D, WANG W. A quantitative model of keyhole instability induced porosity in laser welding of titanium alloy[J]. Metallurgical and Materials Transactions A: Physical Metallurgy and Materials Science, 2014, 45(6): 2808-2818.

[16] 陈鑫. 激光-电/磁复合焊接数学模型及多场耦合作用机制研究[D]. 武汉: 华中科技大学, 2018.

[17] RIBIC B, TSUKAMOTO S, RAI R R, et al. Role of surface-active elements during keyhole-mode laser welding[J]. Journal of Physics D: Applied Physics, 2011, 44(48).

[18] CHO W-I, NA S-J, THOMY C, et al. Numerical simulation of molten pool dynamics in high power disk laser welding[J]. Journal of Materials Processing Technology, 2012, 212(1): 262-275.

[19] 郑文健. Al-Cu 合金焊接熔池凝固枝晶动态生长机制相场研究[D]. 哈尔滨: 哈尔滨工业大学, 2014.

[20] STEINBACH I. Pattern formation in constrained dendritic growth with solutal buoyancy[J]. Acta Materialia, 2009, 57(9): 2640-2645.

[21] VREEMAN C J, INCROPERA F P. The effect of free-floating dendrites and convection on macrosegregation in direct chill cast aluminum alloys, Part II: Predictions for Al-Cu and Al-Mg alloys[J]. International Journal of Heat and Mass Transfer, 2000, 43(5): 687-704.

[22] WANG J, FAUTRELLE Y, NGUYEN-THI H, et al. Thermoelectric magnetohydrodynamic flows and their induced change of solid-liquid interface shape in static magnetic field-assisted directional solidification[J]. Metallurgical and Materials Transactions: A, 2016, 47(3): 1169-1179.

[23] LI X, GAGNOUD A, REN Z M, et al. Investigation of thermoelectric magnetic convection and its effect on solidification structure during directional solidification under a low axial magnetic field[J]. Acta Materialia, 2009, 57(7): 2180-2197.

[24] WANG J, LIN X, FAUTRELLE Y, et al. Motion of solid grains during magnetic field-assisted directional solidification[J]. Metallurgical and Materials Transactions: B, 2018, 49(3): 861-865.

[25] COUVAT Y D T, GAGNOUD A, BRASILIANO D, et al. Numerical modelling of thermoelectric magnetic effects in solidification[C]//8th International Conference on Electromagnetic Processing of Materials, Cannes, France: 2015.

[26] KALDRE I. Thermoelectric current and magnetic field interaction influence on the structure of binary metallic alloys[D]. Riga: University of Latvia, 2013.

[27] CHEN X, PANG S Y, SHAO X Y, et al. Three-dimensional transient thermoelectric currents in deep penetration laser welding of austenite stainless steel[J]. Optics and Lasers in Engineering, 2017, 91: 196-205.

[28] TAKAKI T, ROJAS R, SAKANE S, et al. Phase-field-lattice Boltzmann studies for dendritic growth with natural convection[J]. Journal of Crystal Growth, 2017, 474(15): 146-153.

[29] WANG J, FAUTRELLE Y, REN Z M, et al. Thermoelectric magnetic flows in melt during directional solidification[J]. Applied Physics Letters, 2014, 104(12): 1-4.

[30] DU D F, HALEY J C, DONG A P, et al. Influence of static magnetic field on microstructure and mechanical behavior of selective laser melted AlSi10Mg alloy[J]. Materials & Design, 2019, 181(5): 107923.

[31] WANG J, REN Z M, FAUTRELLE Y, et al. Modification of liquid/solid interface shape in directionally solidifying Al-Cu alloys by a transverse magnetic field[J]. Journal of Materials Science, 2013, 48(1): 213-219.

[32] FARZADI A, DO-QUANG M, SERAJZADEH S, et al. Phase-field simulation of weld solidification microstructure in an Al-Cu alloy[J]. Modelling and Simulation in Materials Science and Engineering, 2008, 16(6): 065005.

[33] TANG M, PISTORIUS P C, NARRA S, et al. Rapid solidification: Selective laser melting of AlSi10Mg[J]. Jom: The Journal of the Minerals, Metals and Materials Society, 2016, 68(3): 960-966.

第 7 章

铝合金激光焊接焊缝凝固微观组织工艺调控方法

　　基于激光焊接宏观传热-流动与微观枝晶形核-生长多尺度模型，本书前面章节对铝合金薄板激光焊接熔池凝固过程中的传热传质过程、凝固参数分布、微观组织演化、溶质元素分布，以及磁场作用下的微观组织演化等开展了研究，为实现高质、高效铝合金薄板激光焊接打下了基础。本章将在前面章节的基础上，以改善焊缝凝固微观组织、提高接头力学性能为目标，对焊接工艺进行优化，从而实现铝合金的高质、高效激光焊接。

7.1 激光焊接工艺参数优化

在保证激光功率与焊接速度相匹配的情况下，可采用不同的焊接功率对铝合金薄板进行焊接，获得宏观成形良好的焊缝。图 7.1 所示为接头宏观成形良好时激光功率与焊接速度的匹配关系及对应的焊缝横截面形貌。图中横坐标为激光功率，纵坐标为焊接速度。从图中可以看到，激光功率与焊接速度并非呈线性关系，其匹配关系曲线为下凹曲线。造成这种现象的主要原因是，较高功率密度激光作用于材料表面时，材料气化更加剧烈，反冲压力更为强烈，从而使激光呈现更强的"钻透性"。另外，较高激光功率焊接时需要匹配更高的焊接速度，导致焊接线能量的降低。从第 3 章中熔池凝固参数分布的分析可知，较高功率匹配较大焊接速度焊接时，熔池凝固前沿的生长速度 R 更大，冷却速度 GR 更高，焊缝凝固组织更细小。同时，从第 3 章中焊接工艺参数对凝固微观组织影响的模拟结果可知，较高功率匹配较大焊接速度激光焊接时，焊缝柱状晶区更窄，且柱状晶尺寸更小。因此，采用高功率匹配高焊速激光焊接工艺，有利于细化焊缝凝固组织。

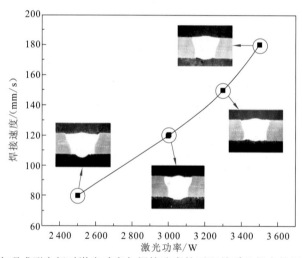

图 7.1 接头宏观成形良好时激光功率与焊接速度的匹配关系及相应的焊缝横截面形貌

图 7.2（a）～（c）所示为不同焊接工艺参数下焊缝水平截面晶粒结构的 EBSD 反极图。三种不同的焊接工艺下，焊缝有着类似的晶粒结构，即焊缝中心为等轴晶区，焊缝熔合线附近为柱状晶区。然而，不同焊接工艺下，焊缝的晶粒尺寸却有差异。图 7.2（d）统计并对比了不同焊接工艺下焊缝柱状晶区宽度。从图中可以看到，当激光功率从 2 500 W 提高到 3 500 W、焊接速度从 80 mm/s 提高到 180 mm/s 时，柱状晶区的宽度从 420 μm 减小到了 330 μm。同时可以发现，柱状晶区的晶粒更加杂碎，尺寸更小。另外，如图 7.2（e）所示，随着焊接工艺参数的变化，等轴晶区的晶粒尺寸只是呈现略微下降的趋势，变化不太明显。由前面分析可知，这主要是因为熔池中的异质形核质点的数量有限。

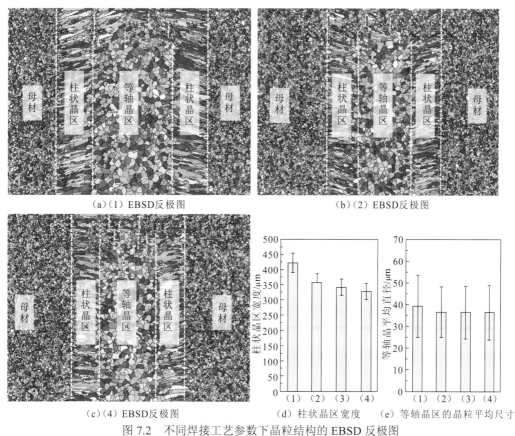

（a）（1）EBSD反极图   （b）（2）EBSD反极图

（c）（4）EBSD反极图   （d）柱状晶区宽度   （e）等轴晶区的晶粒平均尺寸

图 7.2　不同焊接工艺参数下晶粒结构的 EBSD 反极图

（1）P_L=2 500 W，V=80 mm/s；　（2）P_L=3 000 W，V=120 mm/s

（3）P_L=3 300 W，V=150 mm/s；　（4）P_L=3 500 W，V=180 mm/s

　　图 7.3（a）～（c）所示为不同焊接工艺参数下焊缝中心微观组织的 SEM 图像。从图中可以看到，三种不同的焊接工艺下焊缝微观组织均为等轴枝晶，在一次枝晶臂上长满了发达的二次枝晶臂。枝晶组织的尺寸可以通过平均二次枝晶间距来衡量。图 7.3（d）统计并对比了不同焊接工艺参数下焊缝中心等轴枝晶的平均二次枝晶间距。从图中可以看到，当激光功率从 2 500 W 提高到 3 500 W、焊接速度从 80 mm/s 增高到 180 mm/s 时，焊缝中心平均二次枝晶间距从 4.1 μm 减小到 3.4 μm。因此，采用高功率匹配高焊速激光焊接工艺，可以在一定程度上实现焊缝组织晶粒层面和枝晶层面的细化，有利于焊缝力学性能的提升。

　　图 7.4 所示为不同焊接工艺参数下焊接接头的硬度分布曲线。从图中可以明显看出，对于所有焊接工艺参数而言，焊缝组织的显微硬度均大于母材的显微硬度。焊缝的显微硬度分布在 70～80 $HV_{0.05}$，而母材的显微硬度多分布在 65～70 $HV_{0.05}$，焊缝显微硬度比母材显微硬度大 5～10 $HV_{0.05}$。从合金的强韧化机理分析，合金的硬度主要受加工硬化、晶粒细化、固溶强化、第二相沉淀弥散强化的影响。根据前面对焊缝微观组织的讨论，焊缝组织显微硬度较高的主要原因是枝晶组织细小，同时枝晶间共晶相细小且分布均匀，对焊缝起到了一定的强化作用。另外一个显著特点是，在同一个焊缝中，焊缝中心线附

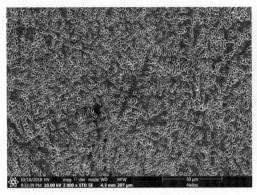

（a）P_L=2 500 W，V=80 mm/s时的SEM图像　　　　（b）P_L=3 000 W，V=120 mm/s时的SEM图像

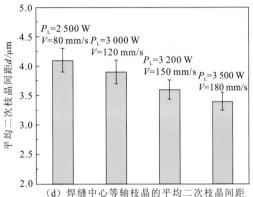

（c）P_L=3 500 W，V=180 mm/s时的SEM图像　　（d）焊缝中心等轴枝晶的平均二次枝晶间距

图 7.3　不同焊接工艺参数下微观组织形貌

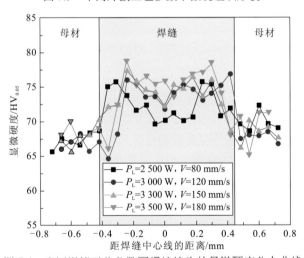

图 7.4　不同焊接工艺参数下焊接接头的显微硬度分布曲线

近的显微硬度较低，而熔合线附近的显微硬度较高。结合第 3 章对熔池凝固前沿凝固参数的分析，焊缝中心线附近的冷却速度低于熔合线附近的冷却速度，导致熔合线附近的凝固组织比中心线附近的凝固组织更加细小。另外，相比于中心线附近，熔合线附近的溶质分布更加均匀，溶质 Mg 在 α-Al 基体中起到了更大的固溶强化作用。此外还可以发

现，在熔合线处硬度有陡降的趋势，这与 Mg（起固溶强化作用）的贫化有关。对比不同焊接工艺参数下的硬度分布曲线，可以看到，随着激光功率从 2 500 W 提高到 3 500 W、焊接速度从 80 mm/s 升高到 180 mm/s，焊缝的显微硬度呈现上升的趋势，即较高激光功率匹配较大焊接速度焊接时，焊缝的显微硬度较高。上述变化趋势与焊缝微观组织的变化密切相关。根据前面对不同焊接工艺参数下焊缝微观组织变化的讨论，当采用较高激光功率匹配较大焊接速度焊接时，焊接线能量更小，焊缝冷却速度更快，凝固微观组织更为细小，因此焊缝显微硬度也会更高。

对不同焊接工艺参数下的激光焊接接头的抗拉强度进行表征与分析。图 7.5 所示为不同焊接工艺参数下焊接接头拉伸试样的应力-应变曲线。从图中可以看到，当激光焊接工艺参数为 P_L=2 500 W，V=80 mm/s 时，接头的抗拉强度为 303 MPa，伸长率为 15.3%。当激光功率增大到 3 000 W、焊接速度增高到 80 mm/s 时，接头的抗拉强度增大到 313 MPa，而延伸率略微降低到 14.9%。当进一步提高激光功率和焊接速度时，接头抗拉强度和延伸率均显著下降。

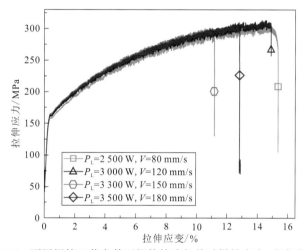

图 7.5　不同焊接工艺参数下焊接接头拉伸试样的应力-应变曲线

图 7.6 对比了不同焊接工艺参数下激光焊接接头拉伸试样的抗拉强度平均值和标准差，每组焊接参数分别测试 5 个拉伸试样。从图中可以看到，随着焊接功率从 2 500 W 增大到 3 500 W、焊接速度从 80 mm/s 增高到 180 mm/s，焊接接头拉伸试样的平均抗拉强度呈现先增大后减小的趋势。当 P_L=3 000 W，V=120 mm/s 时，平均抗拉强度最大，其值为 313.3 MPa。当焊接功率从 2 500 W 增大到 3 000 W、焊接速度从 80 mm/s 增高到 120 mm/s 时，接头抗拉强度增大的原因可以归结于凝固微观组织的细化。当进一步提高激光功率和焊接速度时，拉伸试样的平均抗拉强度反而下降。尽管焊缝凝固组织得到进一步细化（有利于抗拉强度增大），但是微观组织中出现气孔和微裂纹，更大程度上减小了抗拉强度。气孔或微裂纹的存在，不仅会造成应力集中，还会降低接头的有效承载面积，从而减小接头的抗拉强度。

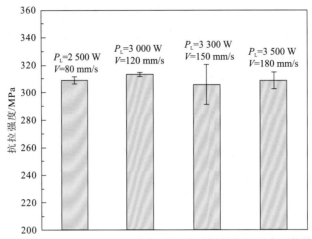

图 7.6 不同焊接工艺参数下激光焊接接头拉伸试样的抗拉强度平均值和标准差

7.2 激光焊接微合金化

前面基于"重叠焊接"的方法证明了铝合金薄板激光焊接焊缝中等轴晶形核的主要机制是异质形核,并通过高分辨 TEM 对异质形核核心的物相进行了分析,发现其为 Al_3Ti 相。这说明 Ti 元素及其金属化合物 Al_3Ti 在焊缝等轴晶的异质形核中起着重要作用。因此,可通过在焊缝中添加 Ti 元素,促进焊缝中 Al_3Ti 相的形成,从而提供更多的异质形核点,促进晶粒的细化。此外,Zr 元素的添加同样可以起到晶粒细化的效果。

图 7.7 所示为铝合金薄板激光焊接焊缝中 Ti 元素的添加方法示意图。如图 7.7 所示,焊接开始前,先在试板待焊区域预置一层厚度为 0.01 mm 的纯钛箔,其纯度为 99.95% 以上;然后将激光束作用于该铺有钛箔的区域进行焊接,形成焊缝。如果不考虑钛箔烧损,通过估算,焊接完成后焊缝中 Ti 的质量分数大约为 1.7%。选用的激光焊接工艺参数为 $P_L = 3\,000$ W,$V = 120$ mm/s。

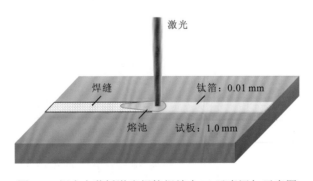

图 7.7 铝合金薄板激光焊接焊缝中 Ti 元素添加示意图

图 7.8（a）和（b）分别为无 Ti 元素添加时焊缝熔合线附近和焊缝中心线附近微观组织的金相图像；图 7.8（c）和（d）分别为有 Ti 元素添加时焊缝熔合线附近和焊缝中心线附近微观组织的金相图像。通过对比可以发现，焊缝微观组织形貌的变化趋势与是否添加 Ti 元素无关，从焊缝熔合线到焊缝中心线，凝固组织形貌均从平面晶逐渐转变为胞状晶、柱状枝晶、等轴枝晶。但是，有无 Ti 元素添加对柱状晶区的宽度和等轴晶区晶粒的平均尺寸有较为明显的影响。通过对比图 7.8（a）与（c）可以发现，添加一定量的 Ti 元素后，焊缝柱状晶区的宽度明显减小，从 210 μm 左右减小到了 150 μm 左右，这主要是因为添加 Ti 元素后，Al₃Ti 异质形核质点增多，当凝固前沿成分区域一定时，柱状晶的形核数量增加，促进了焊缝柱状晶向等轴晶的转变，这与第 5 章的数值模拟结果相吻合。另外，通过对比图 7.8（b）与（d）可以发现，焊缝中添加 Ti 元素后，焊缝中心处等轴晶粒的平均尺寸有降低的趋势，这同样与 Al₃Ti 异质形核质点密度的增加有关。需要注意的是，图 7.8（b）和（d）中虚线所围区域为比较明显的单个等轴晶。

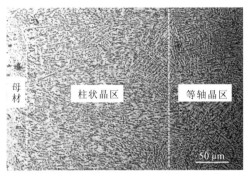

（a）无Ti元素添加时熔合线附近的微观组织

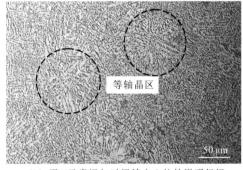

（b）无Ti元素添加时焊缝中心处的微观组织

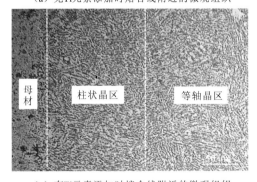

（c）有Ti元素添加时熔合线附近的微观组织

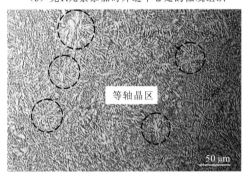

（d）有Ti元素添加时焊缝中心处的微观组织

图 7.8　Ti 元素添加对焊缝微观组织的影响

图 7.9 对比了焊接工艺参数 P_L=3 000 W，V=120 mm/s 下无 Ti 元素添加与有 Ti 元素添加时焊接接头显微硬度的分布曲线。从图中可以看到，添加 Ti 元素后，焊缝微观组织的显微硬度略高于无 Ti 元素添加时焊缝微观组织的显微硬度，这可能是由两方面原因导致的：①Ti 元素会促使 Al₃Ti 相生成，达到第二相强化的作用；②焊缝中添加 Ti 元素可以起到细化晶粒的作用，从而提高焊缝的硬度。

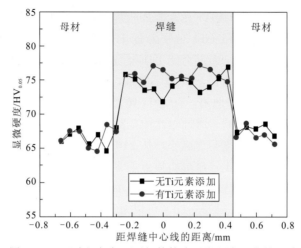

图 7.9 Ti 元素添加与否对焊接接头显微硬度分布的影响

图 7.10 所示为焊接工艺参数为 $P_L = 3\,000$ W，$V = 120$ mm/s 时无 Ti 元素添加和有 Ti 元素添加情况下焊接接头拉伸试样的应力-应变曲线。从图中可以看到：无 Ti 元素添加时，接头的抗拉强度为 303 MPa，伸长率为 15.3%；焊缝中添加 Ti 元素后，接头的抗拉强度增大到 320 MPa，延伸率稍微减小到 14.5%。添加 Ti 元素后，焊接接头的抗拉强度增大的主要原因有两个：①Ti 元素促进 Al_3Ti 相析出，起到第二相强化作用；②Ti 元素促进晶粒细化，达到细晶强化的作用。

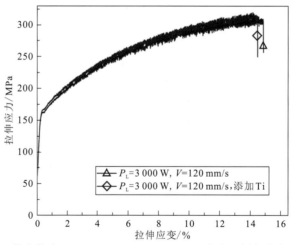

图 7.10 焊接工艺参数为 $P_L = 3\,000$ W，$V = 120$ mm/s 时无 Ti 添加和有 Ti 添加情况下焊接接头拉伸试样的应力-应变曲线

图 7.11 为无 Zr 元素添加和有 Zr 元素添加时焊缝中心附近微观组织的图像。采用的焊接工艺参数为 $P_L = 10\,000$ W，$V = 125$ mm/s。锆箔厚为 0.05 mm，纯度为 99.99%，如图 7.12 所示。通过对比可以发现，添加 Zr 元素后，焊缝中心等轴晶由枝晶状等轴

晶转变为非枝晶状等轴晶。在无 Zr 元素添加的焊缝中，焊缝中心等轴晶枝晶网络发达，存在高次枝晶，其晶粒平均尺寸为 45.26 μm。在有 Zr 元素添加的焊缝中，焊缝中心等轴晶无明显枝晶结构，晶粒形貌近似为圆球，其晶粒平均尺寸为 7.31 μm。添加 Zr 元素后，在高能量密度激光束作用下，Zr 元素被带入熔池并分散，促使作为异质形核质点的 Al_3Zr 生成，从而极大地细化了晶粒。图 7.13 所示无 Zr 元素添加和有 Zr 元素添加情况下焊缝中心等轴晶区域显微硬度分布。从图中可以看到：无 Zr 元素添加时，焊缝中心等轴晶区域平均显微硬度为 $61.0\ HV_{0.1}$；有 Zr 元素添加时，焊缝中心等轴晶区域平均显微硬度为 $72.9\ HV_{0.1}$。通过在焊缝中添加 Zr 元素，焊接接头显微硬度提高了 19.51%。

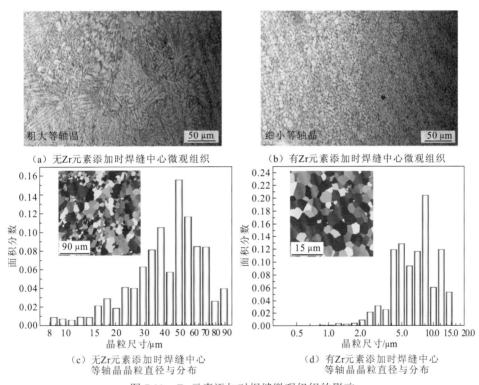

(a) 无Zr元素添加时焊缝中心微观组织

(b) 有Zr元素添加时焊缝中心微观组织

(c) 无Zr元素添加时焊缝中心
等轴晶晶粒直径与分布

(d) 有Zr元素添加时焊缝中心
等轴晶晶粒直径与分布

图 7.11　Zr 元素添加对焊缝微观组织的影响

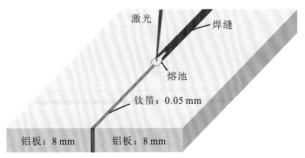

图 7.12　铝合金激光焊接焊缝中 Zr 元素添加工艺示意图

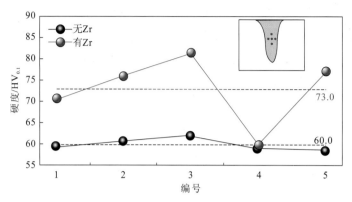

图 7.13　无 Zr 元素添加和有 Zr 元素添加情况下焊缝中心等轴晶区域显微硬度

7.3　磁场辅助激光焊接

　　图 7.14 所示为有无磁场辅助下激光焊接焊缝的微观组织。从图 7.14（b）可以看到，2A12 母材组织中弥散分布着强化相（图中为白色区域）。在熔合线附近晶粒从熔合线外延式生长，凝固方式由平面晶向胞状晶、柱状晶、等轴晶过渡。如图 7.14（c）所示，在未施加磁场时，平面晶向柱状晶过渡的区域比较小（图中黄色虚线与白色虚线之间的区域），约为 5 μm；而在施加 420 mT 的磁场后，柱状晶产生较多侧枝，过渡区域明显变宽，约为 20 μm，如图 7.14（d）所示。

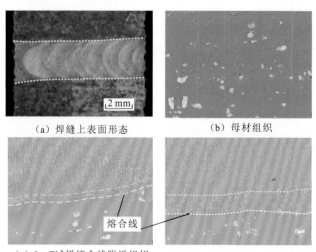

（a）焊缝上表面形态　　　　　　　（b）母材组织

（c）0 mT试样熔合线附近组织　　（d）420 mT试样熔合线附近组织
图 7.14　磁场对铝合金激光焊接焊缝微观组织的影响

　　焊缝微观硬度能够反映焊缝局部表面抵抗塑性变形的能力，是表征焊缝韧性、强度等力学性能的重要指标。实验中测试了不同磁感应强度下的焊缝显微硬度，研究了磁场对焊接接头显微硬度的影响。检测实验的示意图及检测点的位置如图 7.15 所示。选择不同磁场强度测试磁场对显微硬度的影响，硬度测试结果如图 7.15 曲线所示。从图中可以看到，母材硬度约为 130 $HV_{0.1}$，焊缝区的显微硬度明显比母材低，约为 100 $HV_{0.1}$。随着磁感应强度的增大，焊缝区显微硬度略有增大，熔合线附近的显微硬度值随着磁场的增大而有所增大。因为施加磁场后，焊缝的腰部宽度增大，所以从硬度曲线上可以看到，随着磁感应强度的增大，焊缝区宽度增大。

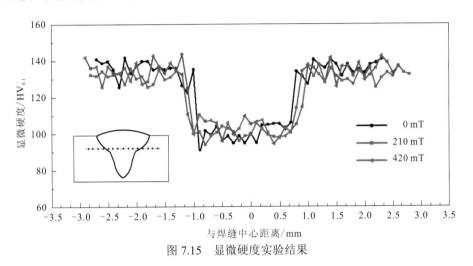

图 7.15 显微硬度实验结果

焊缝的抗拉强度是焊缝力学性能的重要指标。在确保功率和焊接速度相同的情况下，研究磁感应强度大小对焊缝拉伸性能的影响。首先测试母材的抗拉强度为 452 MPa，焊缝的抗拉强度测试结果如表 7.1 和图 7.16 所示，与母材抗拉强度相比，磁场作用下激光焊接的拉伸强度普遍较低，焊缝是抗拉强度最薄弱的区域。但是可以发现，随着磁场感应强度的增大，拉伸强度逐渐增大，说明磁场可以在一定程度上增大焊缝的抗拉伸强度，这与磁场对不锈钢激光焊接焊缝拉伸强度的影响趋势一致[1]。从表 7.1 中可以看到，在分别施加 210 mT 和 420 mT 的磁场后，拉伸强度分别增大了 20.39% 和 28.45%。磁场对焊缝抗拉强度的影响主要是由对焊缝形貌和微观组织的影响引起的。其主要原因是：一方面，磁场作用增大了熔深，增大了有效受力面积；另一方面，磁场增大了腰宽，减小了熔宽，使焊缝形貌由酒杯状向"V"形转变，减小了应力集中；同时，磁场改善了熔合区焊缝组织。进一步分析断口位置发现，断口均出现在焊缝区，观察断裂后的试件发现，断口没有明显的颈缩，焊缝的塑性变形较差。

表 7.1 磁场辅助铝合金激光焊接焊缝拉伸性能

序号	激光功率/W	焊接速度/（m/min）	磁感应强度/mT	抗拉强度/MPa	强度系数/%
1	3 500	2.1	0	214.79	47.52
2	3 500	2.1	210	258.59	57.21
3	3 500	2.1	420	275.89	61.04

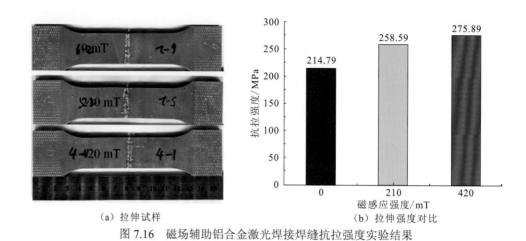

（a）拉伸试样　　　　　　　　　　　（b）拉伸强度对比

图 7.16　磁场辅助铝合金激光焊接焊缝抗拉强度实验结果

7.4　颗粒增强激光熔注焊接

为了细化焊缝晶粒，提高焊缝性能，可以在焊缝中加入不可熔化的第二相增强颗粒。激光熔注是一种能在激光焊接同时加入增强颗粒的新型工艺，主要的工艺流程如图 7.17 所示。选用的基体金属为 6061 铝合金，所用的增强颗粒为 SiC 颗粒。详细的工艺流程可概述为：激光头与垂直方向夹角为 10°，选择的激光功率为 3 000 W。氩气通过旁轴送粉喷嘴将 SiC 从送粉器输送到熔池。颗粒注入方向与焊接方向呈 60°，进料喷嘴与铝板之间的距离为 10 mm，粉末流焦点与激光束焦点之间的距离为 3 mm。这种设计使 SiC 可以从熔池尾部被注入，避免激光的过度辐射。此外，由送粉喷嘴外圈中的八个出气孔提供的同轴氩气保护气体，不仅可以防止颗粒在激光熔注过程中被氧化，还可以聚焦粉末流。在激光熔注的同时，用高速摄像机和热成像仪对实验进行监测。本实验采用四种工艺参数进行对比实验，分别为 20 mm/s 焊接速度的单激光焊（20SLW）、20 mm/s 焊接

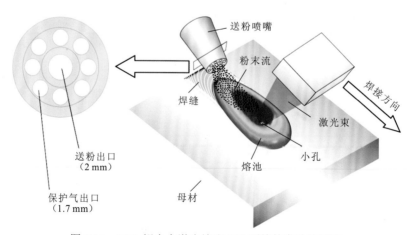

图 7.17　6061 铝合金激光熔注 SiC 颗粒的实验流程图

速度的激光熔注（20LMI）、30 mm/s 焊接速度的激光熔注（30LMI），以及 40 mm/s 焊接速度的激光熔注（40LMI）。本节中将采用简化字符代表四种工艺参数。

图 7.18 所示为高速摄像机对整个实验过程监测的结果。图 7.18（a）～（d）所示分别为 20SLW、20LMI、30LMI、40LMI 后的熔池形貌。从图 7.18（a）和（b）可以看到，大量 SiC 被注入熔池尾部，很少有颗粒与激光发生接触。此外，在相同的焊接速度下，激光熔注的熔池比单激光大。从图 7.18（b）～（d）可以看出，熔池的长度和宽度随着焊接速度的增高而减小。图 7.19 所示为 20LMI、30LMI、40LMI 三种工艺下的焊缝横截面的 SEM 图，通过二值化处理后可以发现，随着焊接速度的增高，焊缝中颗粒梯度分布的程度愈发明显，其主要原因是激光熔注过程中凝固界面前沿对颗粒的捕捉作用[2]。

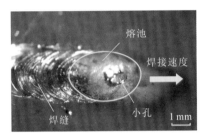

（a）20 mm/s 焊接速度下的激光焊接

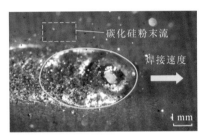

（b）20 mm/s 焊接速度下的激光熔注

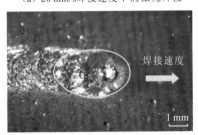

（c）30 mm/s 焊接速度下的激光熔注

（d）40 mm/s 焊接速度下的激光熔注

图 7.18 四种工艺下的高速摄像监测结果

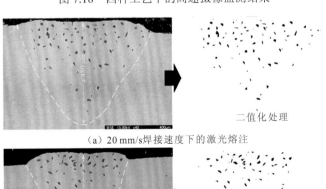

（a）20 mm/s 焊接速度下的激光熔注

（b）30 mm/s 焊接速度下的激光熔注

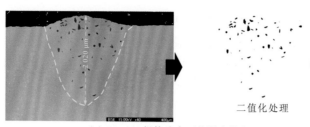

（c）40 mm/s 焊接速度下的激光熔注

图 7.19　三种工艺下 SEM 的测试结果与通过二值化处理后的结果

为了探索 SiC 注入对焊缝中铝晶粒的影响，分别在有（20LMI）SiC 和无（20SLW）SiC 的焊缝横截面中心 400 μm×400 μm 的区域进行 EBSD 测试，如图 7.20 所示。结合图 7.20（a）和（b）及其右下角的反极图可知，焊缝中心区域的铝晶粒大部分为等轴晶，在 20SLW 和 20LMI 条件下，晶粒取向分布较为均匀，未发现明显织构特征。从图 7.20（c）和（d）可以明显看到，图 7.20（a）中的平均晶粒大小比图 7.20（b）中的大。图 7.20（a）中的晶粒直径主要为 5～115 μm，而图 7.20（b）中的晶粒直径为 2～58 μm。此外，在 20LW 条件下，粒径大于 50 μm 的粗大晶粒的数量远多于 20LMI 条件下。

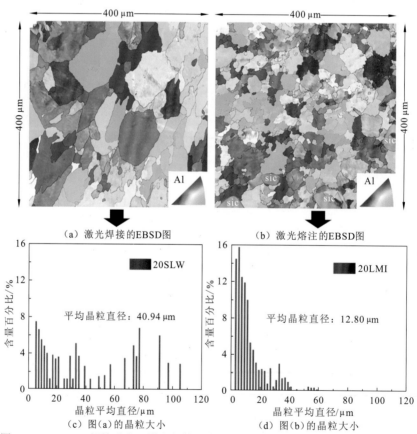

图 7.20　20 mm/s 焊接速度下激光焊接和激光熔注的 EBSD 图及其晶粒大小统计图

根据以上结果可知，激光熔注工艺会显著细化焊缝中的铝晶粒。当熔池温度达到凝固温度时，晶胚开始形成。只有当晶胚超过临界核半径时，它才会成为一个稳定的晶核。此外，成核速度越快（单位体积下稳定临界核的数量），晶粒尺寸越细小[3]。鉴于此，具有较大动能的 SiC 颗粒会撞击熔池并与熔池产生摩擦。这种额外的激活能导致原子振动频率和振幅的提高，从而导致更多的能量起伏。因此，晶胚的数量会增多，生长速度会加快。最后，激光熔注中的形核率提高了，铝晶粒可以细化。此外，SiC 颗粒的注入还将通过枝晶断裂机制和晶粒脱落机制促进铝晶粒的细化。另外，根据钉扎效应[4]，部分 SiC 颗粒及其他反应产物被视为第二相，它们会在铝晶粒生长期间占据晶界。增强相颗粒在多晶材料中占据晶界面积时，由于部分晶界被占据导致晶界能减少，这部分晶界如果要移动脱离增强相颗粒，必须克服由晶界面积增大而引起的晶界能增多，只有当晶粒生长引起的系统自由能减少大于这部分增多的晶界能时，晶界才能继续迁移，否则，因受增强相颗粒钉扎而停滞。增强相颗粒含量越高，则空间弥散度越大，晶界处受到增强相颗粒的钉扎作用越强，晶粒长大的阻碍力越强，从而减缓晶粒长大的过程，晶粒尺寸越细小，并且晶粒生长时受到弥散分布的增强相颗粒更均匀的钉扎作用，晶粒尺寸更均匀。

图 7.21 解释了激光熔注过程中 Al 与 SiC 的原位反应机理，根据时间的顺序主要可分为三个阶段。

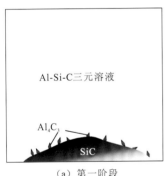 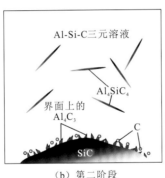 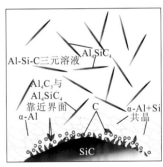

（a）第一阶段　　　　　　　（b）第二阶段　　　　　　　（c）第三阶段

图 7.21　SiC 与 Al 在激光熔注过程中的原位反应机理示意图

第一阶段：大多数 SiC 颗粒可以避免激光辐射，并从其延伸部分进入熔池。因此，在注射时，颗粒的温度接近室温，但液态铝的温度非常高。这种情况导致 SiC/Al 界面处存在较大的温度梯度。随后，随着界面温度的升高，颗粒通过液相扩散逐渐分解为 C 和 Si。整个过程由界面动力学控制[5]。当 SiC 的表面温度达到 940 K 时，不规则的 Al_4C_3 将被不连续地合成，而不是在界面上密集地、连续地合成。这意味着原位反应不是逐层发生的，而是通过分解-再结晶过程发生的。换句话说，在原位反应过程中，SiC 固体、Al_4C_3 固体与 Al-Si-C 液体可以相互转化。界面上无法密排的 Al_4C_3 不能成为保护 SiC 与三元熔体进一步反应的有效屏障；相反，它是一个能提供更多反应界面的潜在因素，甚至加速 SiC 与熔融铝之间的原位反应。

第二阶段：随着原位反应的进行，从 SiC 中溶解的 C 和 Si 的含量可以通过 Al_4C_3 之间进行液相扩散。由于 C 难以溶解在富含 Al 和 Si 的二元溶液中，优先在 SiC/Al 界面附近形成过饱和的碳溶液。当大量 Si 被拖入 Al-Si-C 三元液中时，单质 C 会从饱和 C 悬浮液中析出，并停留在 SiC 表面附近。与此同时，在远离 SiC/Al 界面的位置，Al-Si-C 液体的温度高于 1 670 K。因此，此时可以在 Al 基体中观察到由三元液体原位合成的针状 Al_4SiC_4。与 Al_4C_3 相比，Al_4SiC_4 的形核与生长也是一个分解-再结晶过程，而 Al_4SiC_4 的形成更为复杂，可能与固态扩散有关[6]。

第三阶段：随着原位反应时间的增加，Al_4C_3、Al_4SiC_4、C 的体积分数逐渐升高。由于激光熔注下冷却速度较快，随着熔池温度的快速降低及 Si 的消耗，部分 Al_4C_3 和 Al_4SiC_4 在界面附近原位生成，而不是在界面上生成。随后，Al-SiC 系统发生非平衡的共晶凝固过程。由于 Al/SiC 界面温度远低于熔融 Al，该区域的凝固方向是从界面到熔池。结果表明，由于 SiC 被凝固组织所包裹，导致 C 和 Si 的扩散速度大大降低。此时，即使温度满足要求，也无法在贫 C 和贫 Si 悬浮液中原位合成 Al_4C_3 或 Al_4SiC_4。

图 7.22（a）所示为焊缝横截面维氏（Vickers）硬度随焊缝深度变化的曲线。在 20SLW 条件下，随着焊缝深度的增加，其维氏硬度在 80 HV 到 100 HV 之间变化，该值远低于 LMI 条件下的维氏硬度值。当采用 LMI 时，随着深度的增大，硬度分布明显降低。与 30LMI 和 40LMI 相比，20LMI 的维氏硬度值最高（177.64 HV），曲线最平缓。随后，在不同的微观结构上进行纳米压痕技术，以获得更微观的硬度。根据图 7.22（b）中的

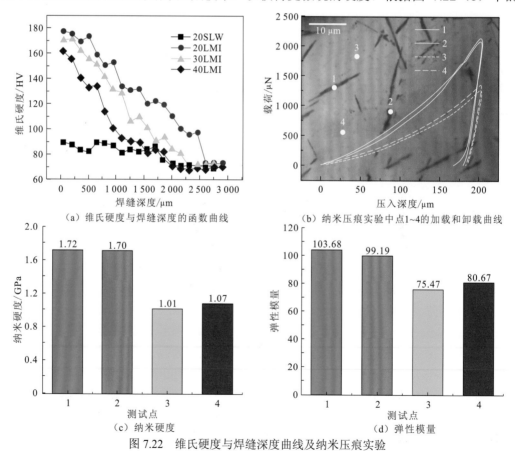

（a）维氏硬度与焊缝深度的函数曲线　　　（b）纳米压痕实验中点1~4的加载和卸载曲线

（c）纳米硬度　　　　　　　　　　（d）弹性模量

图 7.22　维氏硬度与焊缝深度曲线及纳米压痕实验

加载和卸载曲线可知，点 1、2 处的最大载荷明显大于点 3、4 处的最大载荷。点 1、2 的纳米硬度值大于点 3、4 的纳米硬度值（图 7.22（c）），然而，这些点的弹性模量差别不大（图 7.22（d））。

图 7.23（a）所示为 20SLW、20LMI、30LMI、40LMI 条件下的应力-应变曲线。LMI 下的拉伸强度值大于 SLW 下的值。当工艺参数为 20LMI 时，焊缝具有最大的抗拉强度，且不会失去延展性。焊缝延伸率在 40LMI 下最低。图 7.23（b）～（d）所示分别为 20SLW、20LMI、40LMI 条件下焊缝的拉伸断口形貌。从图 7.23（b）可以看到，20SLW 下焊缝的断口相对光滑，有许多小凹坑，但未观察到明显的韧窝或撕裂棱。从图 7.23（c）可以看到，当在 20LMI 下制备焊缝，断口上可以发现一些撕裂棱，并且许多呈放射性的条纹聚集在 SiC 表面，这表明 SiC 本身发生开裂。在 40LMI 条件下，可以发现铝基体中形成了因 SiC 颗粒的脱落所产生的孔洞。

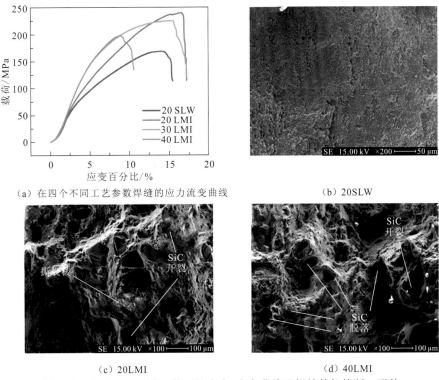

（a）在四个不同工艺参数焊缝的应力流变曲线　　（b）20SLW

（c）20LMI　　（d）40LMI

图 7.23　四种不同工艺参数下的应力-应变曲线及焊缝的拉伸断口形貌

7.5　摆动激光焊接

为了细化焊缝晶粒，摆动激光焊接工艺通过对液相区或糊状区进行震动或搅动，一方面是依靠从外面输入能量促使晶核提前形成，另一方面是使成长中的枝晶破碎，使晶核数目增多，这已成为一种有效的细化晶粒组织的重要手段。摆动激光焊接将激光束沿预设轨迹进行旋转摆动，可以减少焊接时的热量输入，降低激光的穿透力。实验证明，摆动频率越高，穿透力越小。摆动光束使激光的加热范围更大，因此它可以扩大熔池的范围，增大熔宽。摆动焊接的工艺过程及摆动轨迹如图 7.24 和图 7.25 所示。工艺参数为激光焊接（SLW）、频率为 100 Hz 时的摆动激光焊接（100LWW），以及频率为 200 Hz 时的摆动激光焊接（200LWW）。本节将采用简化字符代表以上三种工艺参数。

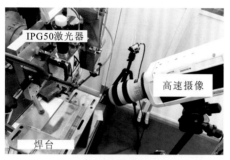

（a）实物图 （b）示意图

图 7.24 SLW、100LWW、200LWW 的工艺过程示意图

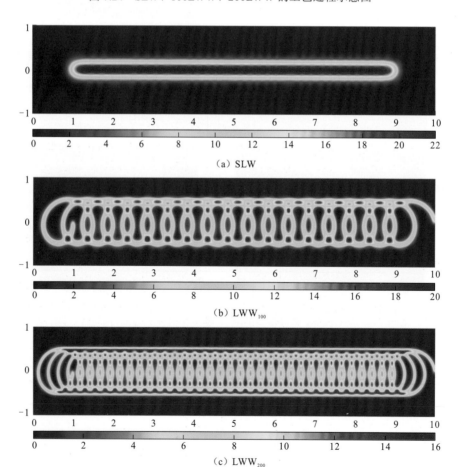

（a）SLW

（b）LWW$_{100}$

（c）LWW$_{200}$

图 7.25 三种工艺参数下的激光焊接

　　在摆动激光焊接中，整个熔池和糊状区的流场对凝固过程中枝晶的生长尤为重要。为了探究激光摆动焊接中的熔池和糊状区是否存在特殊的流场，进行了数值模拟研究[7]，如图 7.26 所示。

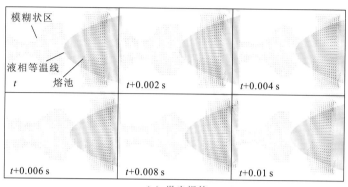

（a）激光焊接

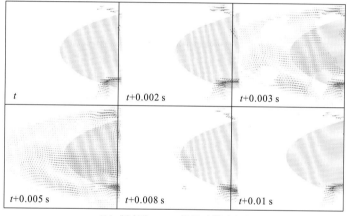

（b）频率为100 Hz的摆动激光焊接

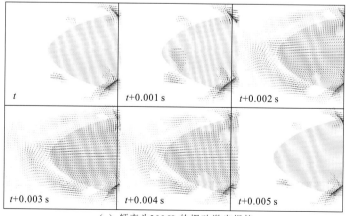

（c）频率为200 Hz的摆动激光焊接

图 7.26　熔池和糊状区流场的数值模拟结果

　　从图 7.26 中的模拟结果可以看到，与激光焊接相比，摆动激光焊接中的熔池和糊状区存在显著的流场。随着搅拌频率的加快，流场强度增大，持续时间延长。

　　在凝固过程中，凝固微观结构的形貌和尺寸主要取决于两个因素，即温度梯度 G 和凝固速度 R。G 与 R 的组合决定了凝固微观结构的形貌和尺寸。因此，通过测定凝固前沿位置的 G 和 R，可以预测不同工艺参数下每个位置微观结构的形貌和尺寸。然而，凝固前沿位于固相线与液相线之间的某个位置，不容易准确确定。将固相线和液相线的平均温度相对应的等温线（$T=(T_s+T_l)/2$）近似地选择为凝固前沿，如图 7.27 所示。由于模型沿中心线对称，只需研究中心线上方的凝固前沿（点 A 到点 B）G 与 R 的比值，其比值即为过冷度，它决定了凝固组织的形貌。较高的 G/R 可确保固液界面呈平面生长，而较低的 G/R 将破坏固液界面，形成胞状或树枝状凝固结构。平面生长标准的稳态形式可表示为

$$\frac{G}{R} \geqslant \frac{\Delta T}{D_l} \tag{7.1}$$

式中：ΔT 为平衡凝固温度范围；D_l 为溶质扩散系数 G 与 R 的乘积，即冷却速度，它决定了凝固组织的规模。冷却速度与凝固组织的关系为

$$d = a(\varepsilon)^{-n} \tag{7.2}$$

式中：d 为二次枝晶臂间距（SDAS）；ε 为冷却速度，这里等于 GR；a 为一个拟合因子，它取决于合金元素浓度和成分；n 在 0.33 到 0.5 之间。因此，冷却速度越快，SDAS 越小，枝晶越细小。图 7.28 所示为凝固前沿轮廓与相关凝固参数、距离焊缝中心线的距离 D 之间的关系，此结果是通过数值模拟所获得的。摆动激光焊接的凝固前沿比激光焊接长且宽，100LWW 比 200LWW 宽。图 7.28（b）～（e）所示分别为三种工艺下温度梯度 G、凝固速度 R、冷却速度 GR、过冷度 G/R 与距凝固前沿中心线 D 的距离之间的关系。对熔合区边界与熔合区中心两个位置的凝固参数进行分析和比较，见表 7.2。100LWW 与 200LWW 的凝固参数之间的关系过于接近，无法在某些位置进行精确比较，因此，仅给出了摆动激光焊接与激光焊接之间的关系。

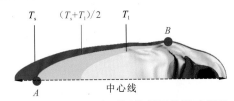

图 7.27　糊状区中预测的凝固前沿示意图

表 7.2　焊缝不同区域凝固参数的比较

凝固参数	焊缝熔合区中心	焊缝熔合区边缘
G	摆动激光焊<激光焊	摆动激光焊<单激光焊
R	激光焊<摆动激光焊	激光焊<摆动激光焊
GR	200 Hz 摆动激光焊<100 Hz 摆动激光焊<激光焊	激光焊<摆动激光焊
G/R	200 Hz 摆动激光焊<100 Hz 摆动激光焊<激光焊	摆动激光焊<激光焊

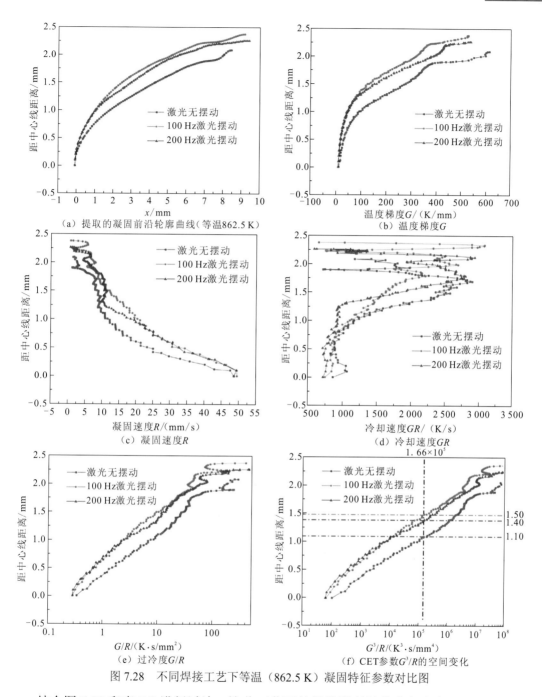

图 7.28　不同焊接工艺下等温（862.5 K）凝固特征参数对比图

结合图 7.28 和表 7.2 进行讨论：这些工艺下的焊缝微观结构中仅存在胞状晶和树枝状晶，摆动激光焊工艺显著降低了温度梯度 G，提高了焊缝中心的凝固速度 R，从而显著降低了 G/R，增大了过冷度，但降低了冷却速度 GR。随着频率的增加，过冷度继续增大，冷却速度继续降低。在熔合边界处，摆动激光焊接工艺仍然显著减小了温度梯度 G，提高了凝固速度 R，从而显著降低了 G/R，强化了过冷。然而，与焊缝中心不同，摆动激光焊接增高了冷却速度 GR，并且频率对此处的凝固参数并没有显著影响。

图 7.29 所示为三种工艺下在焊缝中心线上方 300 μm×300 μm 范围内通过 EBSD 获得的微观结构和晶粒尺寸统计。在焊缝中心，激光摆动焊工艺能显著细化晶粒，并且随着频率的加快，晶粒细化变得更好。图 7.30 所示为通过 EBSD 在熔合边界 400 μm×200 μm 范围内获得的显微组织。从图中可以明显看到，在单激光焊的熔合边界处，显微组织为粗大的柱状晶与小等轴晶的混合物。然而，在摆动激光焊下，随着频率的加快，柱状晶粒破碎，晶粒尺寸减小。根据微观组织的实际形貌和尺寸可以发现，激光摆动焊工艺微观组织的成因不能仅通过凝固参数来分析，频率的影响尤其明显。

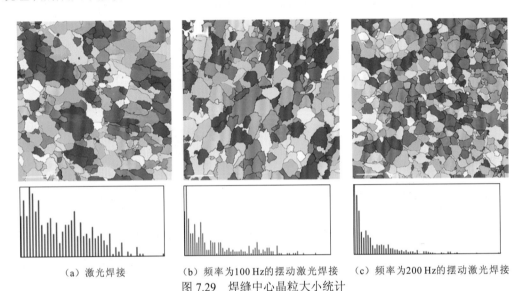

　　（a）激光焊接　　　　　（b）频率为100 Hz的摆动激光焊接　　（c）频率为200 Hz的摆动激光焊接

图 7.29　焊缝中心晶粒大小统计

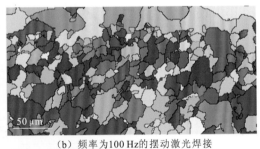

　　　　（a）激光焊接　　　　　　　　　　　　（b）频率为100 Hz的摆动激光焊接

　　（c）频率为200 Hz的摆动激光焊接

图 7.30　焊缝熔合区边界晶粒大小统计

综上，枝晶重熔是熔合界面柱状晶粒破碎的原因之一，而焊缝中心的晶粒细化不是枝晶重熔的结果。因此，可以认为，摆动激光焊产生的特殊旋转流场对焊缝中心的晶粒细化起到了重要作用。熔合边界和焊缝中心两种微观结构的形成机制可以用图7.31来解释。第一，对于100LWW和200LWW，摆动激光焊都可以减小温度梯度，增高凝固速度，并强化过冷度。因此，焊缝中的细晶更容易被保留。第二，摆动激光焊增高了熔合边界处的冷却速度，减少了SDAS，因此此处的枝晶将比激光焊更细化。第三，摆动激光焊会导致熔合边界处的枝晶重熔（枝晶分离），从而导致晶粒破碎，部分细枝晶可以与流场一起作为熔池中新的形核点。第四，在凝固参数的影响下，焊缝中心没有发生枝晶重熔，显微组织也没有长大，表明流场搅拌在此处起主导作用。摆动激光焊引起的糊状区与熔池之间剧烈的旋转流场导致枝晶断裂，这是焊缝中心晶粒细化的主要原因。第五，摆动激光焊频率的增加对凝固参数影响不大，其意义在于提高旋转流场的强度，从而使更多的枝晶破碎，晶粒细化。

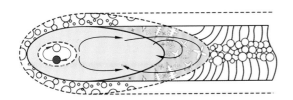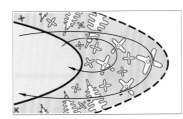

（a）频率为100 Hz的摆动激光焊接

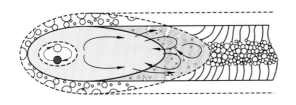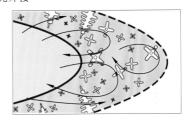

（b）频率为200 Hz的摆动激光焊接

图7.31　熔池和糊状区之间的流场对枝晶生长的影响示意图

本章参考文献

[1] WANG C M, CHEN H W, ZHAO Z Y, et al. Influence of axial magnetic field on shape and microstructure of stainless steel laser welding joint[J]. The International Journal of Advanced Manufacturing Technology, 2017, 91(9): 3051-3060.

[2] PEI Y T, OCELIK V, DE HOSSON J H M. SiCp/Ti6Al4V functionally graded materials produced by laser melt injection[J]. Acta Materialia, 2002, 50(8): 2035-2051.

[3] KOU S. Welding metallurgy[M]. 2nd ed. Hoboken: John Wiley & Sons, Inc., 2003: 343-356.

[4] SONG X Y, LIU G Q, GU N J. Influence of the second-phase particle size on grain growth based on computer simulation[J]. Materials Science and Engineering A: Structura Materials Properties

Microstructure and Processing, 1999, 270(2): 178-182.

[5] VIALA J C, FORTIER P, BOUIX J. Stable and metastable phase equilibria in the chemical interaction between aluminium and silicon carbide[J]. Journal of Materials Science, 1990, 25(3): 1842-1850.

[6] ANANDKUMAR R, ALMEIDA A, COLACO R, et al. Microstructure and wear studies of laser clad Al-Si/SiC(p) composite coatings[J]. Surface and Coatings Technology, 2007, 201(24): 9497-9505.

[7] GENG S N, JIANG P, SHAO X Y, et al. Heat transfer and fluid flow and their effects on the solidification microstructure in full-penetration laser welding of aluminum sheet[J]. Journal of Materials Science & Technology, 2020, 46(1): 50-63.